数学の
かんどころ 27

コンパスと定規の幾何学
作図のたのしみ

瀬山士郎 著

共立出版

編集委員会

飯高　茂　（学習院大学名誉教授）
中村　滋　（東京海洋大学名誉教授）
岡部　恒治　（埼玉大学名誉教授）
桑田　孝泰　（東海大学）

「数学のかんどころ」
刊行にあたって

　数学は過去，現在，未来にわたって不変の真理を扱うものであるから，誰でも容易に理解できてよいはずだが，実際には数学の本を読んで細部まで理解することは至難の業である．線形代数の入門書として数学の基本を扱う場合でも著者の個性が色濃くでるし，読者はさまざまな学習経験をもち，学習目的もそれぞれ違うので，自分にあった数学書を見出すことは難しい．山は1つでも登山道はいろいろあるが，登山者にとって自分に適した道を見つけることは簡単でないのと同じである．失敗をくり返した結果，最適の道を見つけ登頂に成功すればよいが，無理した結果諦めることもあるであろう．

　数学の本は通読すら難しいことがあるが，そのかわり最後まで読み通し深く理解したときの感動は非常に深い．鋭い喜びで全身が包まれるような幸福感にひたれるであろう．

　本シリーズの著者はみな数学者として生き，また数学を教えてきた．その結果えられた数学理解の要点（極意と言ってもよい）を伝えるように努めて書いているので読者は数学のかんどころをつかむことができるであろう．

　本シリーズは，共立出版から昭和50年代に刊行された，数学ワンポイント双書の21世紀版を意図して企画された．ワンポイント双書の精神を継承し，ページ数を抑え，テーマをしぼり，手軽に読める本になるように留意した．分厚い専門のテキストを辛抱強く読み通すことも意味があるが，薄く，安価な本を気軽に手に取り通読して自分の心にふれる個所を見つけるような読み方も現代的で悪くない．それによって数学を学ぶコツが分かればこれは大きい収穫で一生の財産と言

えるであろう.

　「これさえ摑めば数学は少しも怖くない，そう信じて進むといいですよ」と読者ひとりびとりを励ましたいと切に思う次第である.

編集委員会と著者一同を代表して

飯高　茂

はじめに

　幾何学，特に初等幾何学は，図形を学び始める中学生の頃から，数学にいろいろな彩りを添えてくれる魅力的な分野である．証明という言葉と考え方が初めて数学としての姿を見せてくれるのも初等幾何学である．いささかややこしくも見える証明のために，幾何学が嫌いになる生徒もいるようだが，じつはそんなことはない．証明は自分の考えを明確な論理をもって相手に伝える重要な手段であり，論拠を明らかにすることは日常生活でも大切なことである．初等幾何学ではそれを学ぶことができる．一方で，初等幾何学には壮大なパズルとしての性格があり，考えている問題そのもののたくらみを見抜き，補助線1本を引くことで問題のからくりが明らかになっていく仕組みには，何物にも代えがたい魅力がある．そんな意味で，数学的な発想，ひらめき，想像力を鍛えるのに初等幾何学はとても適した教材だと思われる．

　20世紀半ばくらいまでの高校生たちは，中学校，高等学校にわたって初等幾何学をかなり深く学んできた．それは数学的な知識を学ぶこともさることながら，数学における自由な発想法を学ぶという側面が強かった．公式の運用，あるいは機械的な計算ではなく，問題そのものと心行くまで交流する．それは問題を解くということを越えて，知的な娯楽であり楽しみであった．この世代に今も多くの初等幾何学ファンがいることがそれを如実に物語っている．それは数学研究，さらに大きく言ってしまえば，科学研究の一つの雛型でもあった．その分，初等幾何学には，問題を提出し時間を限って

解答を求める試験という形式にはなじまないという側面があり，それが図形嫌いの生徒を作ってしまったのかもしれない．しかし，本来，数学の問題はいくら時間をかけても構わないのである．

そんな初等幾何学の中でも，作図問題は特別な地位を占めていた．作図は，数学，美術，製図技術などの接点としての不思議な魅力を持っていた．小学生の時代から，単純に定規とコンパスを使いきれいな図を描く，その形を楽しみ，色を塗って鑑賞することは，数学の遊びとしての側面の一端として，多くの子供たちの心をとらえていたに違いないが，それは純粋に数学の問題としての作図に成長した．正六角形ならコンパスと定規ですぐ描ける，では正五角形ならどうか．ここには素朴な科学的好奇心の一番簡単な芽がある．ガウスによる正 17 角形の作図の可能性の発見も，こんな素朴な知的好奇心から芽吹いたのかもしれない．

本書はユークリッドの『原論』を作図問題という立場からもう一度見直すことから始め，多少難しい作図問題，作図の技法，コンパスのみによる作図，制限作図など，今の学校数学の中ではあまり扱われない作図の面白さの側面を紹介したものである．また，ギリシアの三大作図不能問題などにも触れながら，ガウスによる正 17 角形の作図可能性についても解説した．読者の皆さんがコンパスと定規を片手に，作図問題という面白い数学パズルを自由な遊び心をもって楽しんでくださることを期待している．

最後になるが，編集委員会の諸先生はじめ，編集者の皆様には本当にお世話になった．特に編集担当の三浦拓馬氏には細部にわたり本書の完成にご尽力いただいた．心から感謝し，記してお礼申し上げる次第である．

2014 年 7 月

瀬山　士郎

目 次

第1章 基本作図 1
- 1.1 作図とは　2
- 1.2 ユークリッドの『原論』と作図　4
- 1.3 ユークリッドのコンパスと定規　5
- 1.4 基本作図　12
- 1.5 三角形の作図　20

第2章 作図の技術 29
- 2.1 軌跡交会法　30
- 2.2 相似法，移動法　36

第3章 マスケロニの定理 51
- 3.1 コンパスのみによる基本作図　52
- 3.2 円と直線の交点の作図　58
- 3.3 2直線の交点の作図　64
- 3.4 マスケロニの作図　72
- 3.5 コンパスによる正多角形の作図　74

第4章 シュタイナーの定理 77
- 4.1 定規のみによる作図　78

4.2　定円と中心が与えられた作図　79
　4.3　シュタイナーの作図　86

第5章　作図と代数 …………………………………… 97
　5.1　線分の四則　98
　5.2　線分の開平　101
　5.3　計算による作図　103
　5.4　2次方程式の解の作図　110
　5.5　虚数 i の作図について　113

第6章　作図不能問題 ………………………………… 117
　6.1　ギリシアの三大作図問題　118
　6.2　作図と数の拡大　123
　6.3　三大作図問題の作図不能性　128
　6.4　正七角形の作図不能性　136

第7章　正17角形の作図 …………………………… 139
　7.1　作図可能な正多角形　140
　7.2　正17角形の作図可能性の証明　142

終わりに　151
参考文献　153
索　引　157

第1章

基本作図

　コンピュータを駆使した作図，製図と違って，定規とコンパスを使った素朴な手作業の作図には不思議な温かさと手触りがある．定規もコンパスも多くの人が一度は使ったことがある「文房具」だろう．しかし，その素朴さを数学的に突き詰めていくと，「数学における厳密さとはなにか」という大きな問題が見えてくる．これから作図を考えていくにあたって，ともかくも故郷であるユークリッド『原論』を訪ね，定規，コンパスのもともとの姿を見てみよう．そこから作図の基礎になる基本作図を考えていく．

ユークリッド (Euclid, BC330?-275?)

1.1 作図とは

　ユークリッド幾何学，いわゆる初等幾何学は数学の分野では少し変わった性格を持っている．小学校では論証幾何学は扱わない．2等辺三角形の性質や平行四辺形の性質は折り紙で実物を作り，対称な線で折ったり切ったりして，その性質を実証する．三角形の内角和が180°になることなども，三角形の3つの角を一カ所に集めて直線になることを確かめて実証する．あるいは，この世界にあるいろいろな形，きれいな形をその対称性などに着目して調べ，たとえば三角形や六角形を平面に敷き詰めてみるなどの学習が主である．この段階では，多くの子どもたちが形の美しさなどを純粋に鑑賞し楽しんでいる．実際，小学生のとき，コンパスを使って花びらのような図形を描き，それに色を塗ってきれいな模様を作った経験がある人も多いに違いない．

　中学校段階になると，図形の性質を論理を使って論証することが始まる．この段階で多くの子どもたちが「図形が好き」派と「図形は嫌い」派に分かれてしまうようだ．アンケート調査では「数学の何が嫌いですか」という問いに対して，図形の論証と答えた生徒も多いが，一方で「数学の中では図形が好き」と答える生徒も一定の割合でいた．この傾向は大人になっても続く．もっとも，学校数学を離れれば，いわゆる証明問題を解く機会はぐっと減るから，図形の証明を不倶戴天の敵のように思う人も減り，図形に対する悪い印象も，「時が癒す」で「ああ，中学生の頃苦しめられたなあ．でも結構面白かったのかも知れない」なぞと良い思い出に変わっていくのかも知れない．ところでマニアックな幾何好きの人たちも，少数派かも知れないが，確かにいる．それはプロの数学者，科学者のなかにも案外多い．少し難しいパズルを解く面白さ．そのパズルも

ルービックキューブのようにパズル玩具を使うわけではない．頭を使い，その性質が成り立つ理由を探す．期末試験の時のように時間制限がつけられることがなければ，いくら考えてもいいのなら，こんなに面白いパズルは少ないかも知れない．もっとも，壮大なパズル解きという性格は数学全体に通じるもので，平面幾何学は数学者たちが研究している数学とその研究方法の雛型だともいえる．平面幾何学にはこんな不思議な性格がある．

　平面幾何学のなかでも，作図問題は特殊な位置にある．コンパスと定規というとても素朴な道具を使い，条件を満たす図（絵？）を正確に描くことが要求される．定規とコンパスはその使用方法が厳密に規定されていて，常識的に使っている使用方法が，本来の作図では許されないこともある．多くの場合，作図にそれほどの厳密性は要求せず，ごく普通に定規，コンパスを使って図を描くことが多いが，本来の厳密性が作図にどのようなことを要求するのかは，この後すぐに考えてみたい．一方，作図は，手続きを重要視するという意味では，現代的な数学の内容を先取りしていたという意味もあるようだ．1960年代までの高校生は学校数学の中で，厳密な作図問題を解くこともあったし，数学マニアの高校生の間では結構楽しまれていた．いわゆる数学の知識としては，それから後の数学の学びに大いに役立ったとはいえないかも知れないが，問題を解く順序を大切にした手続きとしての数学という考え方は，コンピュータプログラムの学習などには役立っていたのではないだろうか．

　ところで，作図問題は遠くギリシア時代にその源泉がある．ユークリッドの『原論』を覗いてみよう．

1.2　ユークリッドの『原論』と作図

　よく知られているように，ユークリッドの『原論』では第1巻の冒頭に23の定義が出てくる．最初の定義が有名な「1. 点とは部分を持たないものである．」で，直角（90°）の定義（定義10）などもある．それに続くのが5つの公準で，その第5公準が有名な平行線の公理である．なお，現代数学では公準という言葉は使われず，最初に要請される共通の仮定を公理と呼んでいる．その最初の公理が

公理 1
　　任意の点から任意の点へ直線をひくこと

で，3番目の公理が

公理 3
　　および任意の点と距離（半径）とをもって円を描くこと．

である．（中村・寺阪・伊東・池田訳『ユークリッド原論』，共立出版，1971）

　普通，公理1は2点を通る直線が1本ある，公理3は任意の点を中心にする円がある（描ける）と理解されることが多いが，この公理は読み方によっては，定規の使い方とコンパスの使い方を規定している作図の公理だと考えることも可能である．こう考えた場合，どちらの公理でも，出てくる定規，コンパスは理想的な道具であって，我々が日常的に使う定規，コンパスとは違う抽象化された道具である．すなわち，現実の定規は長さが決まっていて，普通の

定規で長さ $1\,m$ の直線を引くのは容易ではないし，$1\,km$ 離れた 2 点を定規で結ぶことは不可能だろう．コンパスでも，普通我々が使っているコンパスでは半径 $20\,cm$ 位の円を描くのが精一杯で，半径 $1\,m$ の円を描くことはできない．

ところが，このように物理的に不可能な事実ではなく，我々が日常的に使っているコンパスの使用法で，『原論』のコンパスでは許されていない使用法がある．最初にそれを問題にしよう．

1.3　ユークリッドのコンパスと定規

問題 1.1　与えられた点 O を中心にして，与えられた線分 AB（の長さ）を半径とする円を描け．

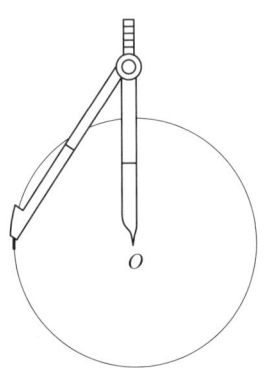

図 1-1　円の作図

この円を作図する普通の方法は次の通りである．線分 AB の一方の点 A にコンパスの針を刺し，もう一方の点 B を通る円を描く．そのままコンパスを持ち上げて，半径を変えずにコンパスの

中心を O に移し，そのままの半径で円を描けば，これが O を中心とし，半径が AB の円となる．普通の作図ではこれで十分である．予期せぬ事故でも起きない限り，開き具合を変えることなくコンパスを移動することに何の障害もない．ところが，これはユークリッドの意味のコンパスの使用では許されない．コンパスをデバイダーのように，開き具合を変えずに移動することは『原論』では予想されていない．『原論』の公理3は，普通はある点を中心とし，ある点を通る円を描くことができると解釈されている．つまり，どんなに大きな半径の円でも描くことができるが，その半径は円の中心から測ったものでなければならない．もう少しかみ砕いていえば，ユークリッドのコンパスでは，一回使用するごとにコンパスを閉じなければならないのである．この規約に従えば，上の作図方法が規約違反であることは明らかである．

では，コンパスは一回使用するごとに閉じなければならないとして，中心 O とは別の所にある半径 AB で，中心 O，半径 AB の円を描くことは本当にできるのだろうか．『原論』はこの問題を解決し先に進んだ．それが『原論』第1巻命題2である．

『原論』命題2

与えられた点において与えられた線分に等しい線分をつくること．

線分は長さを保ったままどんな場所へでも移せるという内容である．したがって，この命題を使えば，与えられた点 O を中心にして，与えられた線分 AB（の長さ）を半径とする円を描くことができる．

これに先立って，『原論』では命題1として，与えられた長さの線分を1辺とする正三角形が作図できることを証明している．な

お，『原論』では正三角形を3辺が等しい三角形と規定し，正三角形とは呼ばずに等辺三角形と呼ぶ．

命題2の証明を現代風に書き改めて紹介しよう．

定理 1.1

中心 O で与えられた線分 AB（の長さ）を半径に持つ円が作図できる．

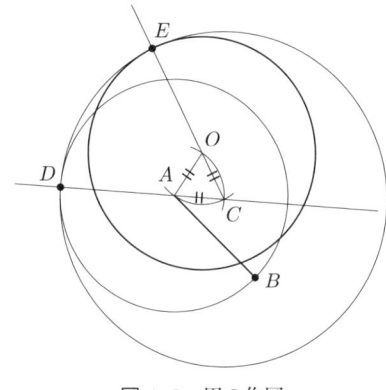

図 1-2　円の作図

✎ 作図

1. OA を1辺とする正三角形 $\triangle OAC$ を描き，CO, CA を延長する．
2. 点 A を中心とし，半径 AB の円を描き，CA の延長との交点を D とする．
3. 点 C を中心とし，半径 CD の円を描き，CO の延長との交点を E とする．
4. 点 O を中心とし，半径 OE の円を描けば，これが求める円である．

作図の場合，作られた図が確かに条件を満たすことを証明する必要がある．いまの場合はほとんど明らかだが，念のために証明をつけておく．

[証明] 作図2より，$AD = AB$，したがって，
$$CE = CD = CA + AD = CA + AB$$

ゆえに，
$$OE = CE - CO$$
$$= CD - CA$$
$$= AD$$
$$= AB$$

となり，円4は中心O，半径ABの円である． □

ところで，この作図では線分を延長している．線分が延長できることは『原論』の公理2として公理で保障されている．

公理2
および有限直線を連続して一直線に延長すること

しかし『原論』では具体的に「コンパスと定規で」線分を延長する手続きは述べられていない．普通に線分を延長するときは，線分に定規を当ててそのまま線を引くことが多い．

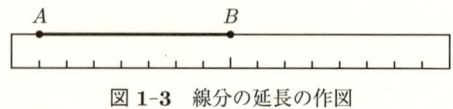

図1-3　線分の延長の作図

しかしこれは『原論』での定規の使い方に反するとも考えられる．『原論』では定規は 2 点を結ぶ「線分」を描くことだけに使用される．では定規とコンパスを使って線分を延長できるのだろうか．

定理 1.2

線分 AB は定規とコンパスを使って n 倍の長さに延長できる

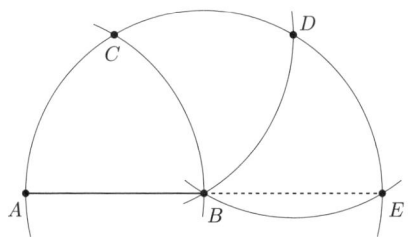

図 1-4　線分の延長の作図の図その 2

✍ **作図**
1. 点 B を中心とし半径 BA の円を描く．
2. 点 A を中心とし半径 AB の円を描き，円 1 との交点を C とする．
3. 点 C を中心とし半径 CA の円を描き，円 1 との交点を D とする．
4. 点 D を中心とし半径 DB の円を描き，円 1 との交点を E とする．
5. 点 B と点 E を結べば，3 点 A, B, E は一直線上にある．

[証明]　$\triangle ABC, \triangle BCD, \triangle BDE$ はすべて正三角形だから，

$$\angle ABE = \angle ABC + \angle CBD + \angle DBE$$
$$= 60° + 60° + 60°　\qquad \square$$
$$= 180°$$

この証明には 2 つの問題点がある．

(1) 点 A, B, E が一直線上にあることを三角形の内角和が $180°$ であることを使って証明していること．

三角形の内角和が $180°$ であることは，次の原論の公理 5（平行線の公理）と同値であることが知られている．

公理 5

および 1 直線が 2 直線に交わり同じ側の内角の和を 2 直角より小さくするならば，この 2 直線は限りなく延長されると 2 直角より小さい角のある側において交わること．

この第 5 公理をめぐって多くの議論が交わされたことは，数学史の中で詳しく述べられている．最終的に 19 世紀に至り，ハンガリーのヤーノシュ・ボヤイ (1802-1860) とロシアのニコライ・ロバチェフスキー (1793-1856) により，公理 5 を否定する形で非ユークリッド幾何学が誕生したことはよく知られている．『原論』が公理 5 の使用をなるべく避けようとしたこともわかっていて，実際，『原論』では命題 29 までは平行線の公理を使用していない．したがって，線分をコンパス，定規を使って延長する作図は，平行線の公理を仮定することになる．ただし，本書ではこれ以降は普通に平行線公理を仮定し，ユークリッド幾何学の範囲で作図を考えていく．

(2) 線分 AB は線分 $AE = 2AB$ に延長できる．同様に線分 AB を線分 nAB に延長できる．しかしこれが限りなく長くできるかどうかは保障されていない．じつは「ある量を何度も足していくと，どんな量より大きくなる」ことはアルキメデスの公理と呼ばれる公理で，これを仮定しないと，線分が任意の長さに延長できるこ

とが証明できない．

　以上の 2 点はとても興味深い問題ではあるが，本書は作図問題を「パズルとして」楽しむことに目的があるので，この問題にはこれ以上は踏み込まない．

　もう一点，『原論』の公理 2「および有限直線を連続して一直線に延長すること」の解釈として，線分 AB を A, B の 2 点と考え，そこに定規を当てて線分を延長してよいとすることも可能である．この場合は，最初に注意した定規の普通の使用法はそのまま許されることになり，コンパスを使うことなしに線分が延長できる．ただし，正整数 n に対して線分を n 倍に延長する場合はコンパスが必要になる（平行な 2 直線 l, m が与えてあれば，定規のみで線分を n 倍することが可能である）．

　さて，ここまでの考察で，普通の作図のように，コンパスの開きを固定したままでコンパスを移動することと，線分に定規を当てて延長することの正当性が本来のコンパス，定規の使用法からも証明できることがわかった．

　これ以降は多くの中学生が図を描くときのように，コンパスは開いたまま移動する，線分は定規を当てていくらでも延長するという普通の使用法でコンパス，定規を使うことにし，中学校で学ぶ三角形の 3 つの合同条件，平行四辺形の性質，円の性質などはすべて自由に使うことにする．

1.4 基本作図

最初にこれから使う基本的な作図をいくつか挙げておこう．いずれも中学校で学ぶ基本作図である．

問題 1.2 与えられた角 $\angle AOB$ の 2 等分線を引け．

これは『原論』の命題 9 である．ここでは少し整理して説明する．

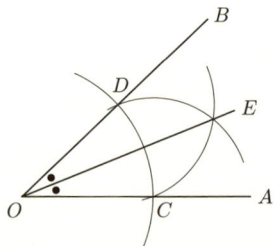

図 1-5 角の 2 等分線の作図

✐ 作図

1. AO 上に点 C をとり，中心 O，半径 OC の円を描く．
2. 円 1 と OB の交点を D とする．
3. 点 C を中心とし，半径 CD の円を描く．
4. 点 D を中心とし，半径 DC の円を描く．
5. 円 3 と円 4 の交点を E とすると，直線 OE は $\angle AOB$ を 2 等分する．

[証明] $\triangle OCE$ と $\triangle ODE$ で，作図から，$OC = OD, CE = DE$，OE は共通．したがって 3 辺相等の合同定理から，

$$\triangle OCE \equiv \triangle ODE$$

よって，$\angle COE = \angle DOE$ である． □

ここで作図された $\triangle CDE$ は正三角形になるが，これは正三角形である必要はなく（『原論』の証明は正三角形になっている），$CE = DE$ となればよい．中学校などではその形で証明をするが，『原論』では半径をきっちりと指定しておきたかったのだろう．

問題 1.3 線分 AB の垂直 2 等分線を引け．

これは『原論』の命題 10 である．『原論』では単に「線分を 2 等分せよ」となっていて，垂直 2 等分線とはいっていないが，作図を調べてみると実際は，『原論』の証明でも垂直 2 等分線になっている．ここでは一般に知られている作図を紹介する．

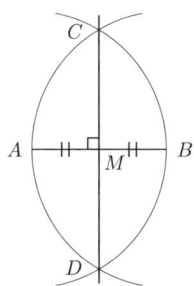

図 1-6 線分 AB の垂直 2 等分線の作図

✎ 作図

1. 点 A を中心とし，半径 AB の円を描く．
2. 点 B を中心とし，半径 BA の円を描く．
3. 円 1 と円 2 の交点を C, D とする．
4. 線分 CD は線分 AB を垂直に 2 等分する．

[証明] 線分 AB と線分 CD の交点を M とする．角の 2 等分線の作図からわかるように，CD は $\angle ACB$ を 2 等分する．

したがって，$\triangle CAM$ と $\triangle CBM$ で，

$$CA = CB, \quad CM \text{ は共通}, \quad \angle ACM = \angle BCM$$

したがって，2 辺夾角の合同定理から

$$\triangle CAM \equiv \triangle CBM$$

よって，$AM = BM$, $\angle AMC = \angle BMC$ である． □

『原論』では正三角形 $\triangle CAB$ を作図し，$\angle C$ の 2 等分線を引く作図になっている．

あと 2 つほど基本作図を紹介する．

問題 1.4 与えられた角 $\angle AOB$ を任意の位置に移動せよ．

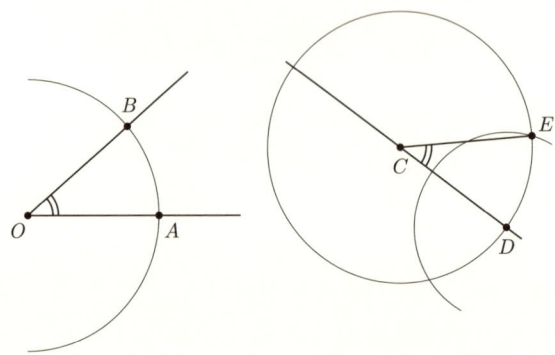

図 1-7 $\angle AOB$ の移動の作図

✍ 作図

∠AOB を点 C を頂点とする角に移動する.

1. 点 O を中心とし,半径 OA の円を描く.
2. この円が角のもう 1 つの辺と交わる点を B としてよい.
3. 点 C を中心とし,半径 OA の円を描く.(この円が描けることは証明しておいた)
4. 点 C を通る任意の直線が円 3 と交わる点を D とする.
5. 点 D を中心とし,半径 AB の円を描く.(この円が描けることも証明済み)
6. 円 3 と円 5 の交点を E とする.
7. ∠DCE = ∠AOB である.

[証明] 作図より,3 辺相等の合同定理から

$$\triangle OAB \equiv \triangle CDE$$

となり,対応角である ∠AOB は ∠DCE に等しい. □

🌿 平行線の作図

数学以外で平行線の作図を行うときは,三角定規や T 定規を用いることが多い.もちろん,実用的な作図でこれらの器具を用いることは何の問題もない.平行線を引くときは普通は図 1-8 のように作図する.

しかし,ユークリッドの作図ではもちろんこの方法は許されていない.定規は直線を引くことしかできないので,2 つの定規を組み合わせてずらす作図方法は禁止である.普通は,同位角が等しければ平行になることを使い,コンパスと定規を用いて次のように作図する.

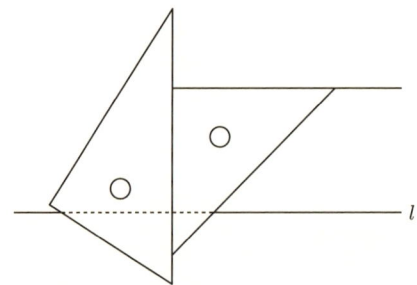

図 1-8　三角定規による平行線の作図

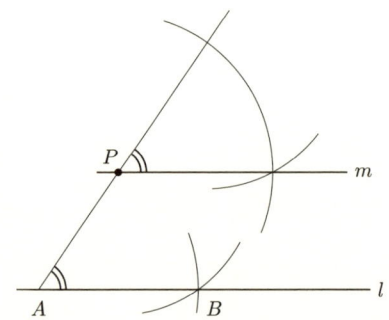

図 1-9　コンパス，定規による平行線の作図

✎ 作図

直線 l と l 上にない点を P とする．

1. l 上に任意の点を A をおき，線分 AP を引く．
2. 線分 AP を延長する．
3. l 上の点を B とする．$\angle PAB$ を P を頂点，線分 AP の延長部分を 1 辺にもつように，PA の同じ側に角を移動する．
4. 3 で作図した角をなす 2 辺のうち，AP でない辺を m とすれば，$l // m$ である．

［証明略］

以上が基本作図である．

1.4 基本作図

「中心 O で半径 r の円を描く」,「線分(直線)を延長する」,「平行線を引く」はすべて厳密に使用条件を守ってコンパス,定規を使うことで作図できることがわかった.これ以降は,コンパスを開いたままで円を描く,線分に定規を当てて延長する,三角定規を使って平行線を引くなどはすべて許容する事にしよう.

以下,基本作図を用いる作図問題をいくつかあげよう.

問題 1.5 線分 AB を n 等分せよ.

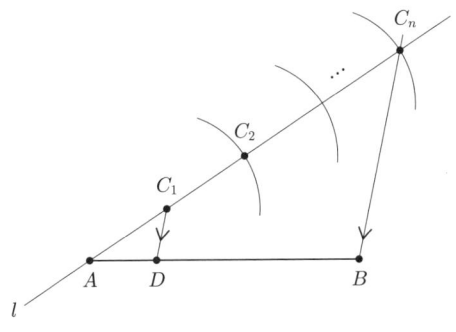

図 1-10 線分 n 等分の作図

✎ **作図**
1. 点 A を通る任意の直線 l を引き,l 上の任意の点を C_1 とする.
2. 点 C_1 を中心とし点 A を通る円を描き,l との交点を C_2 とする.
3. 点 C_2 を中心とし点 C_1 を通る円を描き,l との交点を C_3 とする.
4. 以下同様の作図で点 C_n を決める.
5. 点 C_1 を通り,線分 $C_n B$ に平行な直線を引き,線分 AB との交点を D とすれば,点 D は線分 AB の n 等分点である.

[証明] 相似,もしくは中点連結定理より証明は明らかである. □

この作図から，線分 AB が与えられたとき，その $\dfrac{m}{n}$ の長さを持つ線分が作図できることがわかる．これは線分 AB を整数比に内分，外分する点が作図できることである．

一般に，与えられた線分 AB に対して，AB を $a:b$ に内分および外分する点を作図することができる．ただし，a, b は線分の長さとして与えられているとする．

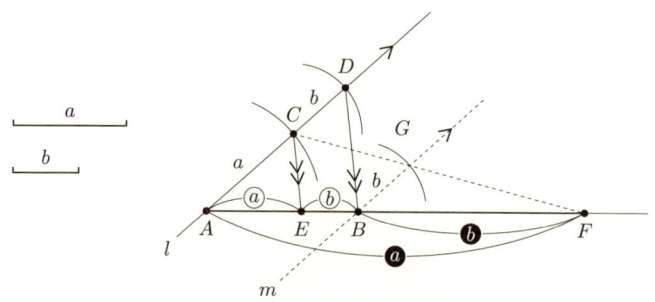

図 1-11　線分の内分，外分の作図

✎ 作図

点 A を通る任意の直線 l を引く．
1. 点 A を中心とし，半径 a の円を描き，l との交点を C とする．
2. 点 C を中心とし，半径 b の円を描き，l との交点を D とする．
3. 点 C を通り線分 BD に平行な直線を引き，線分 AB との交点を E とすれば，E は線分 AB を $a:b$ に内分する．
4. 点 B を通り，直線 l に平行な直線 m を引く．
5. 点 B を中心とし，半径 b の円を描き，m との交点を G とする．
6. 線分 AB の延長と線分 CG の延長の交点を F とすれば，F は線分 AB を $a:b$ に外分する $(a \neq b)$．

証明は三角形の相似から明らかである．

問題 1.6　線分 AB 上の点 P を通る垂線を引け.

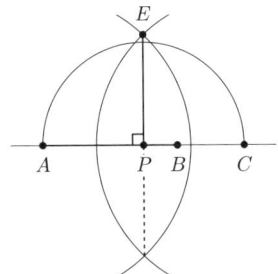

図 1-12　線分 AB の垂線の作図

✎ 作図

線分 AB を延長する.

1. 点 P を中心とし，A を通る円を描き，線分 AB の延長との交点を C とする.
2. 線分 AC の垂直 2 等分線 PE を引く.

PE が求める垂線であることは明らかである.

同様にして，直線 l 上にない点 P から l に垂線 PH を下ろす作図も可能である.

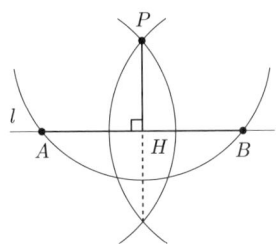

図 1-13　直線 l に垂線を下ろす作図

✍ **作図**

l 上に任意の点 A をとる．
1. 点 P を中心とし，A を通る円を描き，直線 l との交点を B とする．
2. 線分 AB の垂直 2 等分線を作図し，l との交点を H とすれば，PH が求める垂線である．

コンパス，定規の使用で垂線が引けることがわかったので，以後は三角定規の直角の角を用いて垂線を引いてよいことにしよう．

1.5　三角形の作図

三角形は 2 辺と夾角，2 角と夾辺，3 辺を与えることで決まる．これは三角形の合同条件である．ここでは，その他のいくつかの条件も与えて，三角形を作図してみよう．

問題 1.7　3 辺 a, b, c が与えられたとき，三角形を作図せよ．

これは 3 辺が決まれば三角形が決まるという，中学生が学ぶ三角形の決定条件の一つである．すでに三角形の三辺相等の合同定理として，角の 2 等分線の作図で実質は使用してしまったが，ここで作図を示しておく．

✍ **作図**

最長辺を a とする．直線 l を引き，l 上の任意の点を B とする．

1.5 三角形の作図

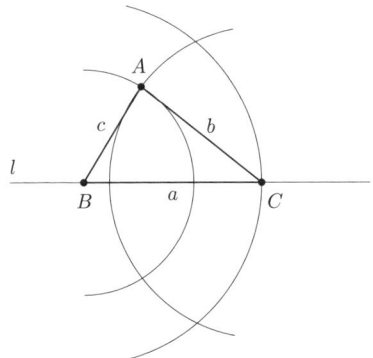

図 1-14 三辺三角形の作図

1. 点 B を中心とし，半径 a の円を描き，l との交点を C とする．
2. 点 B を中心とし，半径 c の円を描く．
3. 点 C を中心とし，半径 b の円を描く．
4. 円 2 と円 3 の交点の 1 つを A とすれば，$\triangle ABC$ が求める三角形である．

証明は明らかである．

作図問題では，最後にその作図が可能かどうかを検証しなければならない場合がある．これを作図の吟味という．この問題でも，実際に三角形が作れるかどうかを吟味する必要がある．

🔖 吟味

作図から，この三角形の 3 辺が a, b, c であることは明らかだが，円 2 と円 3 の交点が存在しないときは，a, b, c は三角形の三辺とはなり得ず，三角形は存在しない．

a, b, c が三角形の三辺となる条件は，a が最長なら $a < b + c$，一般の場合は $b \sim c < a < b + c$ である．ただし $b \sim c$ は b と c の差を表す．

問題 1.8 2 辺 b, c と他の辺に対する中線 l が与えられたとき，三角形を作図せよ．

注) 三角形において，1 つの頂点と対辺の中点を結ぶ線を中線という．

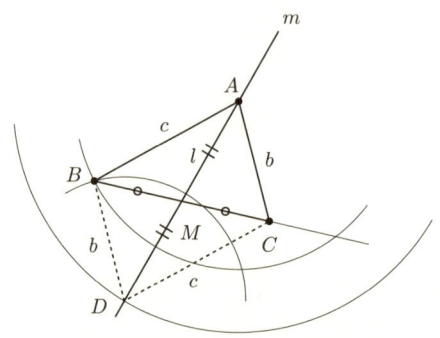

図 1-15 2 辺と 1 中線三角形の作図

作図問題の場合，条件を満たす図が作図できたとして，作図するための手続きを考える過程を**解析**という．最初の問題は容易なので解析は不要だが，この問題の場合は解析が役立つ．

解析

条件を満たす $\triangle ABC$ が作図できたとしよう．中線 l を 2 倍に延長した点を D とすると，四角形 $ABDC$ は，対角線が互いに他を 2 等分するので平行四辺形である．よって，$BD = AC = b$ となり，$\triangle ABD$ は 3 辺が $b, c, 2l$ である三角形である．

以上の解析から次の作図を得る．

作図

直線 m を引き，m 上の任意の点を A とする．

1. 点 A を中心とし，半径 $2l$ の円を描き，m との交点を D とする．
2. 点 A を中心とし，半径 c の円を描く．
3. 点 D を中心とし，半径 b の円を描く．
4. 円 2 と円 3 の交点の 1 つを B とする．
5. 線分 AD の中点を M とし，BM を 2 倍に延長した点を C とする．
6. $\triangle ABC$ が求める三角形である．

[証明] 四角形 $ABDC$ は対角線が互いに他を 2 等分するから平行四辺形である．よって，$AC = BD = b, AB = c, AM = l$ となり，$\triangle ABC$ は求める三角形である． □

吟味

4 で 2 つの円が交わらなければ，この三角形は作図できない．したがって，

$$b + c > 2l$$

となっている必要がある．

問題 1.9 3 本の中線 l, m, n が与えられたとき，三角形を作図せよ．

解析

3 本の中線の 2 倍の長さ $2l, 2m, 2n$ を 3 辺にもつ $\triangle ADE$，$\triangle ADF$ において，それぞれの重心を C, B とすると，$\triangle ABC$ の中線の 1 つは l である．ここで，三角形の 3 本の中線は 1 点 G で交わり，それぞれの中線を $2 : 1$ の比に分けることが知られていて，この点 G を三角形の**重心**という．

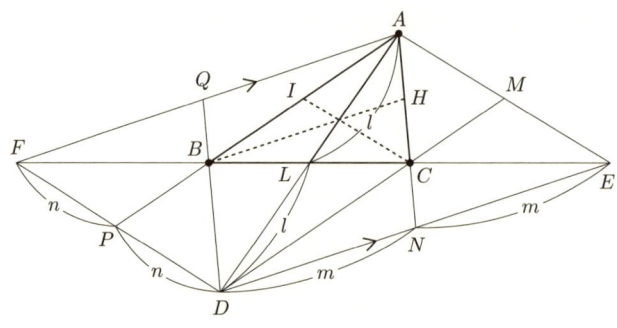

図 1-16 3 中線三角形の作図

以上の解析から次の作図を得る．

✎ **作図**

1. 3本の中線の2倍の長さの辺 $2l, 2m, 2n$ を持つ三角形を，$AF // DE$ となるように $\triangle ADE, \triangle ADF$ と2つ描く．
2. 辺 AD, AE, DE, DF, AF の中点をそれぞれ L, M, N, P, Q とする．
3. DM と AN の交点を C，AP と DQ の交点を B とすれば，$\triangle ABC$ が求める中線 l, m, n を持つ三角形である．

[証明]
$$\triangle ADE \equiv \triangle ADF$$

より，対応する中線 EL, FL の長さが等しいから，

$$BL = CL = \frac{1}{2}BC$$

よって，対角線が互いに他を2等分しているから，四角形 $ABDC$ は平行四辺形で，$AL = l$ である．

一方，AC の中点を H, AB の中点を I とすると $BD = \frac{2}{3}DQ = \frac{2}{3}AN = NH$ かつ $BD // NH$ だから，四角形 $BDNH$ は平行四辺形で

$$BH = DN = m$$

同様にして，四角形 $DCIP$ も平行四辺形で

$$CI = DP = n \qquad \square$$

三角形の重心がそれぞれの中線を $2:1$ の比に分けることを直接使うと，次の別解を得る．

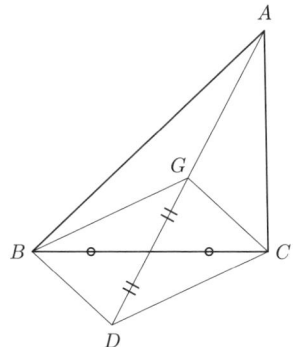

図 1-17　3 中線三角形の作図その 2

（別解）

✎ **作図**

1. 中線 l, m, n の $\frac{2}{3}$ の長さの辺 $\frac{2}{3}l, \frac{2}{3}m, \frac{2}{3}n$ を持つ三角形を，$BD // CG$ となるように $\triangle GBD, \triangle GDC$ と 2 つ描く．
2. 線分 GD を 2 倍に延長した点を A とする．$\triangle ABC$ が求める中線 l, m, n を持つ三角形である．

別解の作図の場合，中線の $\frac{2}{3}$ を作図する手間はあるが，それさえ作図してしまえば，後は重心の性質を使って容易に三角形の作図ができる．

中線の場合は上のように作図できる．では角の2等分線の場合はどうか．

|問題 1.10| 2辺 a, b と，その2辺の挟む角の2等分線の長さ l が与えられたとき，三角形を作図せよ．

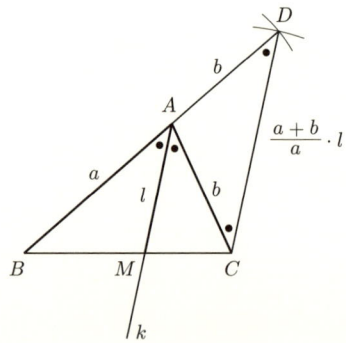

図 1-18 頂角2等分線三角形の作図

解析

$\triangle ABC$ を $AB = a, AC = b$ で $\angle A$ の2等分線 AM の長さが l の三角形とする．C を通り AM に平行な直線と BA の延長との交点を D とすれば

$$BA : BD = AM : DC$$

より，

$$DC = \frac{a+b}{a}l$$

以上の解析から次の作図を得る．

✎ 作図

最初に予備の作図をしておく．

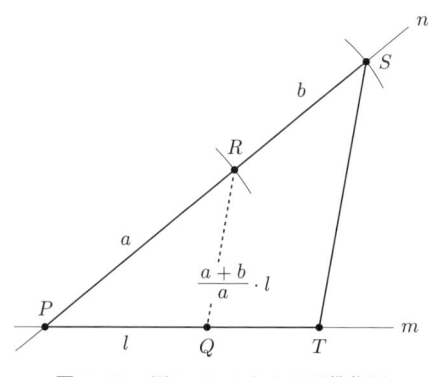

図 1-19 図 1-18 のための予備作図

1. P で交わる 2 直線 m, n を描き，m 上に $PQ = l$ となる点 Q をとる．（点 P を中心とし，半径 l の円を描き，直線 m との交点を Q とする）．
2. 同様に，直線 n 上に $PR = a, RS = b$ となる点 R, S をとる．
3. 点 S を通り線分 RQ に平行な直線が m と交わる点を T とすると，

$$PT = \frac{a+b}{a}l$$

以上を予備の作図とする．

4. 3 の線分 PT を用いて，三辺が $b, b, \frac{a+b}{a}l$ である 2 等辺三角形 $\triangle ACD$ を描く．
5. 点 A を通り，線分 CD に平行な直線 k を引く．

6. 直線 k 上に $AM = l$ となる点 M をとる．
7. 線分 DA, CM を延長し，その交点を B とすると，$\triangle ABC$ が求める 2 辺の長さが a, b でその挟む角の 2 等分線の長さが l の三角形である．

[証明] $\triangle ABC$ で，作図より $AC = b, AM = l$ で AM が $\angle A$ の 2 等分線であることは明らかである．$AB = a$ を示そう．

$AB = x$ とすると，$\triangle ABM \backsim \triangle DBC$ より

$$x : l = (x + b) : \frac{a+b}{a} l$$

これを解いて $x = a$ を得る． □

では，三角形の 3 つの内角の 2 等分線の長さ l, m, n が与えられたとき，$\triangle ABC$ が作図できるだろうか．この場合は，中線の場合と違って定規とコンパスでは作図できないことが証明されている（参考文献 [1] を参照）．

第 2 章

作図の技術

　ユークリッド幾何学での作図は第 1 章で述べたとおり，定規とコンパスを決められた約束にしたがって使用して，求める図形を描く方法である．じつは低学年の小学生にとっては，定規で線を引くことも大変だし，ましてやコンパスで円を描くのはとても難しい．中心がずれたりして，円にならないことも多いという．小学校高学年，中学生になれば定規，コンパスの使用は容易だが，定規はともかく，日常生活でコンパスを使うことは滅多にないようだ．このように，コンパスなどを上手に使うという実用上の技術も作図では必要になるが，ここではもう少し数学的な技術を考えていく．

2.1 軌跡交会法

作図の条件の一部を満たすいくつかの点の軌跡を描き，その交点として求める点を作図する方法を**軌跡交会法**という．典型的な例は，基本作図で示した3辺の長さを与えて三角形を作図する方法である．半径 b, c の円の交点として頂点 A が求まった．ただし，ユークリッド幾何学における作図とは，直線と直線の交点，直線と円の交点，円と円の交点を求めて図を描くわけだから，その意味ではすべて軌跡交会法といえるわけで，ここでは特にある点の軌跡が重要な役割を果たすものを紹介しよう．

準備として2つの軌跡を紹介する．

軌跡 2.1 線分 AB に対して，$\angle APB = \alpha$（一定）となる点 P の軌跡を求めよ．ただし，$\alpha < 90°$ とする．

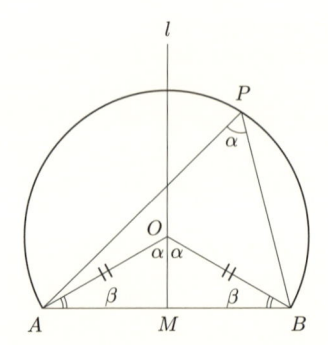

図 2-1 線分を定角で見込む点の軌跡

最初に予備の作図として，$\beta = 90° - \alpha$ を作図しておく．すなわち，適当な線分上に垂線をたて，その垂線上に $\angle \alpha$ を作図し，その辺を延長して三角形を作図すれば，残りの角が β である．

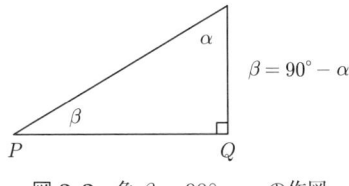

図 2-2 角 $\beta = 90° - \alpha$ の作図

✍ 作図

1. 線分 AB の垂直 2 等分線 l を作図し，AB の中点を M とする．
2. MA を辺とし A を頂点とする β の角を描き，もう 1 つの辺が l と交わる点を O とする．
3. 点 O を中心とし半径 OA の円を描けば，この円の AB の上にある部分（ただし，2 点 A, B は除く）が，線分 AB を一定の角度 α で見込む点の軌跡である．また AB の下にある部分は，$180° - \alpha$ で見込む点の軌跡である．

証明は，円周角が中心角の $\frac{1}{2}$ となることから明らかである．この軌跡を**線分 AB を角 α で見込む円弧**という．

軌跡 2.2 定点 A, B からの距離の比が $m : n$ である点の軌跡を求めよ．ただし $m \neq n$ とする．この軌跡をアポロニウスの円という．

$\triangle PAB$ で $PA : PB = m : n$ とする．頂角 $\angle APB$ の 2 等分線およびその外角の 2 等分線が線分 AB （とその延長）と交わる点をそれぞれ C, D とする．三角形の頂角およびその外角の 2 等分線と対辺（とその延長）との交点の性質（注）により，

$$AC : CB = AD : DB = PA : PB = m : n$$

である．したがって，点 C, D は定点となり，かつ，$\angle CPD$ は直角だから，点 P は線分 CD を直径とする円周上にある．

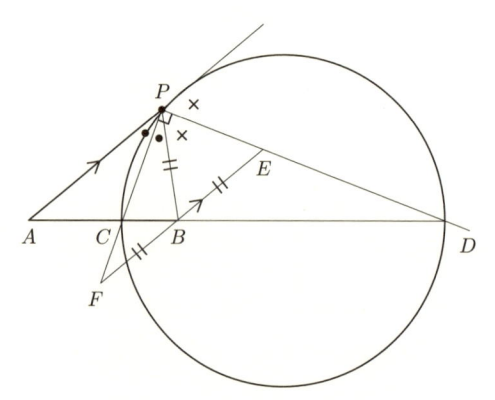

図 2-3 アポロニウスの円の軌跡

逆に，この円周上の点を P とする．

B を通り AP に平行な直線と PD との交点を E とし，PC の延長と EB の延長の交点を F とする．

$\triangle PAC \backsim \triangle FBC$ より，

$$PA : FB = m : n$$

同様に $\triangle DPA \backsim \triangle DEB$ より，

$$PA : EB = m : n$$

したがって

$$FB = EB$$

一方，$\triangle FPE$ は直角三角形だから（∠P は直径上の円周角）

$$FB = PB$$

よって，

$$PA : PB = PA : FB = m : n$$

注）三角形の頂角（外角）の2等分線が対辺（延長）を辺の比に内分（外分）することは有名な定理で中学生が学ぶが，証明は案外知られていないようである．この定理の証明は鑑賞に値する名証明である．証明のための図を紹介するので，各自証明を試みられたい．

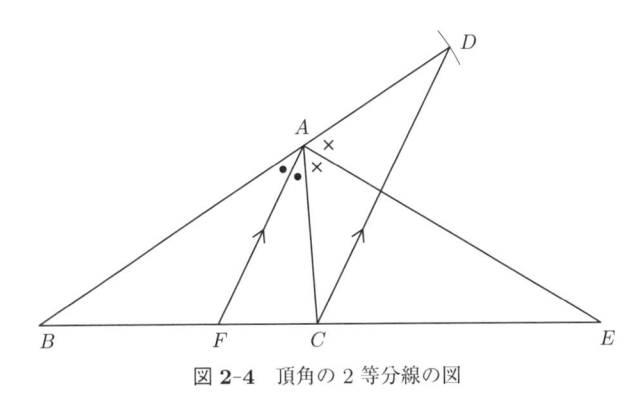

図 2-4　頂角の2等分線の図

以上の準備のもとで，軌跡交会法の作図の例を紹介する．

問題 2.1　底辺 BC が a で頂角 $\angle A$ が α である2等辺三角形を作図せよ．

✎ 作図
1. 線分 BC の垂直2等分線 l を作図する．
2. 線分 BC を角度 α で見込む円弧を作図する．
3. 直線 l と円弧2との交点を A とすれば，$\triangle ABC$ が求める底辺が $BC = a$ で頂角 $\angle A$ が α である2等辺三角形である．

［証明略］

問題 2.2　底辺 BC が a で，高さが h，かつ他の2辺の比が $c : b$ である三角形を作図せよ $(c \neq b)$．

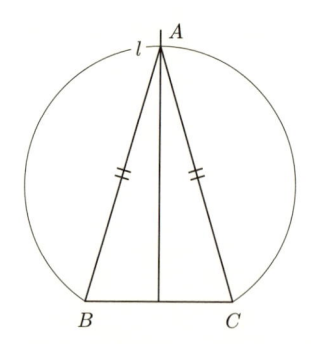

図 2-5 頂角 α, 底辺 BC の 2 等辺三角形の作図

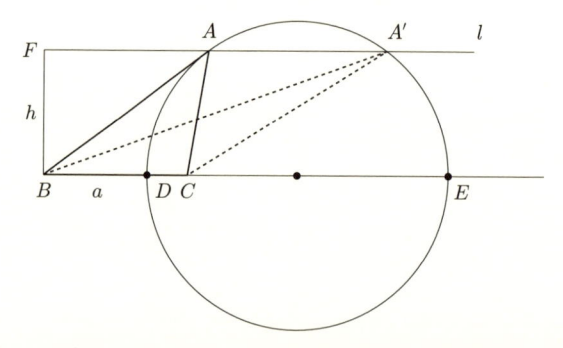

図 2-6 底辺 BC, 高さ h で 2 辺の比が与えられた三角形の作図

✍ 作図

1. 線分 $BC(=a)$ を $c:b$ に内分, 外分するアポロニウスの円を描く.
2. 点 B に垂線をたて, 垂線上に $BF=h$ となる点 F をとる.
3. 点 F を通り線分 BC に平行な直線 l を引く.
4. アポロニウスの円 1 と直線 l との交点を A とすれば, $\triangle ABC$ が求める底辺 BC が a で, 高さが h, かつ他の 2 辺の比が $c:b$ である三角形である.

［証明略］

吟味

アポロニウスの円と l との交点が存在しなければ，そのような三角形は存在しない．交点が 2 つあれば，三角形は 2 つ存在する（アポロニウスの円の下半分を使えばもう 2 つ存在するが，それは上半分で作図できる三角形と合同である）．

問題 2.3　斜辺が BC で直角を挟む 2 辺の和が a である直角三角形を作図せよ．

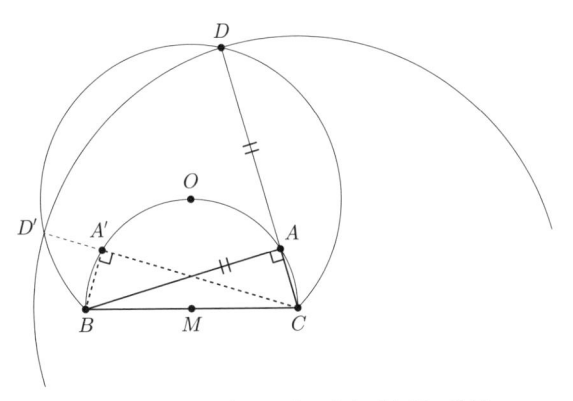

図 2-7　2 辺の和が一定の直角三角形の作図

解析

求める三角形を $\triangle ABC$ とすれば，点 A は BC を直径とする円周上にある．また，CA を延長した直線上に，$AB = AD$ となる点 D をとれば，$\triangle ABD$ は直角 2 等辺三角形だから，$\angle ADB = 45°$ である．以上から次の作図を得る．

✍ **作図**

1. 線分 BC を直径とする円を描く（BC の中点を M とし，中心 M，半径 MB の円を描く）．
2. 円1の半円弧 BC の中点を O とし，O を中心とし，点 B を通る円を描く．この円は線分 BC を 45° で見込む円弧である．
3. 点 C を中心とし，与えられた2辺の和 a を半径とする円を描く．
4. 円2と円3の交点を D とし，線分 CD と円1との交点を A とすれば，$\triangle ABC$ が，求める斜辺が BC で直角を挟む2辺の和が a である直角三角形である．

[証明] 点 A は BC を直径とする半円上にあるから，$\angle BAC$ は直角である．また，$\triangle ABD$ は底角が 45° の直角三角形だから，

$$AB = AD$$

よって

$$AB + AC = AD + AC = CD = a \qquad \square$$

2.2 相似法，移動法

作図の技法の1つとして，条件の一部を満たす図を作図しておき，それを移動，相似拡大，あるいは相似縮小して，求める図が作図できる場合がある．いくつかの著名な問題を紹介しよう．

問題 2.4　$\angle XOY$ 内の定点 P を通り，この角に内接する円を作図せよ．

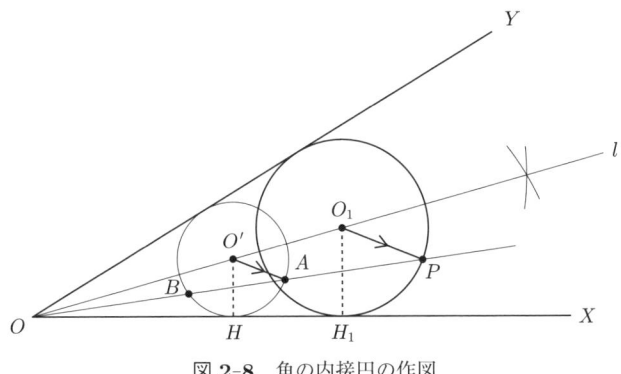

図 2-8 角の内接円の作図

$\angle XOY$ に内接する任意の円を描き，その円が与えられた点 P を通るように相似変換する．

✍ 作図

1. $\angle XOY$ の 2 等分線 l を引く．
2. l 上の任意の点 O' を中心とし，$\angle XOY$ に内接する円を描く．
   (O' から角の辺に垂線を下ろし，その垂線の長さを半径とする円を描く)
3. 直線 OP が円 2 と交わる点を A, B とする．
4. 点 P を通り線分 $O'A$ に平行な直線が角の 2 等分線 l と交わる点を O_1 とする．
5. 点 O_1 を中心とし，O_1P を半径とする円を描けば，この円が求める $\angle XOY$ 内の定点 P を通り，この角に内接する円である．
   A の代わりに B を使えば，もう 1 つ条件を満たす円 O_2 が作図できる．

[証明] 点 O', O_1 から直線 OX に下ろした垂線の足を H, H_1 とする．

$$\triangle OO'A \backsim \triangle OO_1P, \ \triangle OO'H \backsim \triangle OO_1H_1$$

より，$O'A : O_1P = OO' : OO_1 = O'H : O_1H_1$

よって，$O'A = O'H$ より，$O_1P = O_1H_1$ となり，円 O_1 は $\angle XOY$ に内接する． □

問題 2.5 与えられた $\triangle ABC$ の辺 BC 上に 1 辺 PQ をもち，他の頂点 R, S が辺 CA と AB 上にある正方形を作図せよ．

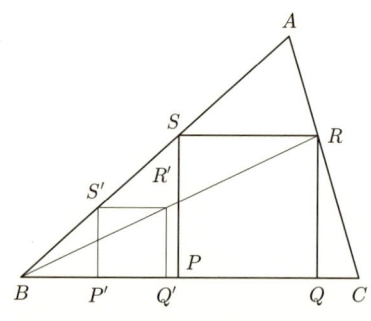

図 2-9 三角形の内接正方形の作図

辺 BC 上に 1 辺をもつ正方形を作図し，その正方形が条件を満たすように相似変換する．

作図

1. 辺 BC 上に任意に点 P' をとり，点 P' で辺 BC に垂直な直線を引き，辺 AB との交点を S' とする．
2. $P'S'$ を 1 辺とする正方形 $P'Q'R'S'$ を描く．
3. 直線 BR' と辺 CA との交点を R とし，点 R から辺 BC に下ろした垂線の足を Q，点 R を通り辺 BC に平行な直線が辺 AB と交わる点を S とする．
4. 点 S から辺 BC に下ろした垂線の足を P とすれば，四角形 $PQRS$ が，求める与えられた $\triangle ABC$ の辺 BC 上に 1 辺 PQ をもち，他の頂点 R, S が辺 CA と AB 上にある正方形である．

[証明] $\triangle BR'Q' \infty \triangle BRQ$, $\triangle BR'S' \infty \triangle BRS$ より,

$$R'Q' : RQ = BR' : BR = R'S' : RS$$

よって，$R'Q' = R'S'$ より，$RQ = RS$ となり，四角形 $PQRS$ は内角が直角である菱形，すなわち正方形となる． □

🔖 吟味

$\triangle ABC$ が $\angle C$ を鈍角とする鈍角三角形の場合，BC 上に1辺を持つ内接正方形は作図できない．この場合は鈍角に向かい合う辺を使う必要がある．

以上はどちらも相似変換を利用した作図で，いずれの場合も2つの円や2つの正方形はそれぞれ相似の位置にある．

次に図形の回転と相似を組み合わせた作図を紹介しよう．

問題 2.6　3本の平行線 l, m, n のそれぞれに頂点を持つ正三角形を作図せよ．

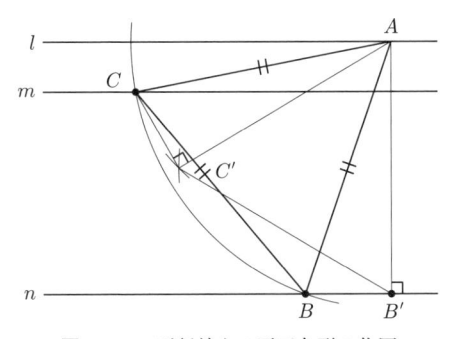

図 2-10　平行線上の正三角形の作図

2頂点が与えられた平行線上にある正三角形を描き，それを条件を満たすように相似回転移動する．

解析

求める三角形を $\triangle ABC$ とする（点 A は直線 l 上にとっておく）．A から n に垂線 AB' を下ろし，AB' を1辺とする正三角形の残りの頂点を C' とする．このとき，2辺夾角の合同条件より，

$$\triangle ABB' \equiv \triangle ACC'$$

以上から，次の作図を得る．

作図

1. 直線 l 上に任意に点 A をとり，A から直線 n に垂線を下ろし，その足を B' とする．
2. 線分 AB' を1辺とする正三角形を描き，残りの頂点を C' とする．
3. 点 C' で線分 AC' に垂線をたて，その垂線と直線 m との交点を C とする．
4. 点 A を中心とし，半径 AC の円を描き，円と直線 n との交点を B とすれば，$\triangle ABC$ が，求める3本の平行線 l, m, n のそれぞれに頂点を持つ正三角形である．

[証明]　$\triangle ABB'$ と $\triangle ACC'$ で，
$AB' = AC'$, $AB = AC$, かつ，$\angle AB'B = \angle AC'C$ はともに直角である．

斜辺と他の1辺が等しい直角三角形は合同になるから，

$$\triangle ABB' \equiv \triangle ACC'$$

したがって，

$$\angle CAC' = \angle BAB'$$

よって，

$$\angle CAB = \angle CAC' + \angle C'AB$$
$$= \angle BAB' + \angle C'AB$$
$$= \angle C'AB'$$

$\angle C'AB'$ は $60°$ だから，$\triangle ABC$ は頂角が $60°$ の 2 等辺三角形，すなわち正三角形である． □

この問題には次のような別解がある．円周角が一定であることを使う．

(別解)

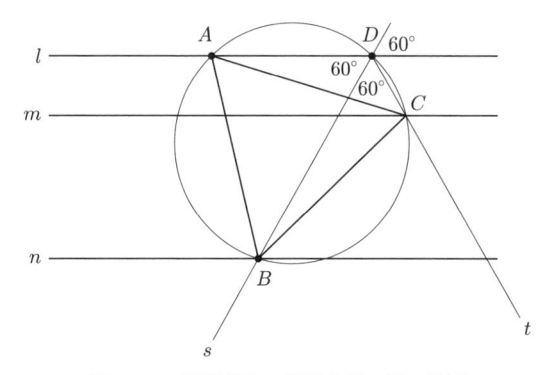

図 2-11　平行線上の正三角形の別の作図

あらかじめ $60°$ の角を作図しておく（正三角形を作図すればよい）．

✎ 作図

1. 直線 l 上に任意の点 D をとる．
2. 点 D を通り l と $60°$ の角をなす直線 s，同じく点 D を通り s と

60°の角をなす直線 t を描く.
3. 直線 s と直線 n の交点を B, 直線 t と直線 m との交点を C とする.
4. △DBC の外接円を描き, 直線 l との交点を A とすれば, △ABC が, 求める3本の平行線 l, m, n のそれぞれに頂点を持つ正三角形である.

[証明]　△ABC はすべての内角が 60° の三角形になるから, 正三角形である. □

吟味は問題 2.7 を参照.
では, 平行3直線を3つの同心円に替えたらどうだろうか.

|問題 2.7|　3つの同心円のそれぞれに頂点を持つ正三角形を作図せよ.

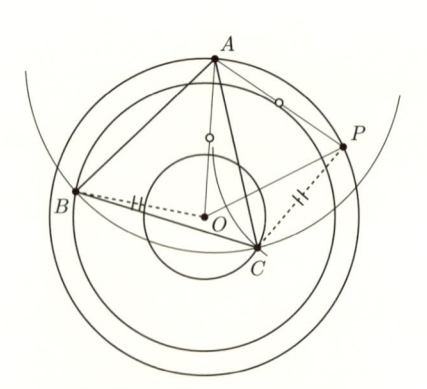

図 2-12　同心円上の正三角形の作図

直線は半径無限大の円と見なせるから, 基本となる考え方は同じで, 別に正三角形を作図しておき, それを回転相似で条件を満たす正三角形に直せばよい.

解析

$\triangle ABC$ を求める正三角形とし，AO を 1 辺とする正三角形を $\triangle AOP$ とする．点 P は外側の円周上にある．

$\triangle ABO$ と $\triangle ACP$ で，$AB = AC$, $AO = AP$, かつ

$$\angle BAO = 60° - \angle OAC$$
$$= \angle CAP$$

よって，2 辺夾角の合同定理より，$\triangle ABO \equiv \triangle ACP$ だから

$$OB = PC$$

OB は中円の半径だから，次の作図を得る．

作図

3 つの同心円の中心を O とし，一番外側の円周上に任意の点 A をとる．

1. 線分 AO を 1 辺とする正三角形 $\triangle AOP$ を描く．点 P は外側の円周上にある．
2. 点 P を中心とし，中円の半径に等しい円を描き，内側の円との交点の 1 つを C とする．
3. 点 A を中心とし，AC を半径とする円を描く．
4. 円 3 と中円の交点のうち AC について P と反対側にある点を B とすると，$\triangle ABC$ が求める 3 つの同心円のそれぞれに頂点を持つ正三角形である．

[証明] $\triangle ACP$ と $\triangle ABO$ において，作図より

$$AP = AO, AC = AB, CP = BO$$

よって，3 辺相等の合同定理より，△ACP ≡ △ABO だから

$$\angle BAO = \angle CAP$$

したがって，

$$\begin{aligned}\angle BAC &= \angle BAO + \angle OAC \\ &= \angle CAP + \angle OAC \\ &= \angle OAP \\ &= 60°\end{aligned}$$

よって △ABC は頂角が 60° の 2 等辺三角形，すなわち正三角形である． □

吟味

外側の円と内側の円の距離が中円の半径より大きければ作図はできず，そのような正三角形は存在しない．平行 3 直線の場合は，中円の半径は無限大だから，作図は常に可能で，2 つある．

同様の問題を紹介しよう．

問題 2.8　与えられた △PQR に内接する正三角形 △ABC を作図せよ．ただし，正三角形 △ABC の 1 つの辺が △PQR の辺に平行になるようにする．

この問題は「三角形が三角形に内接する」という条件をどう解釈するかで少しだけ変わってくるが，ここでは 3 つの頂点がそれぞれの辺上にちょうど 1 つずつある場合と考えることにする．

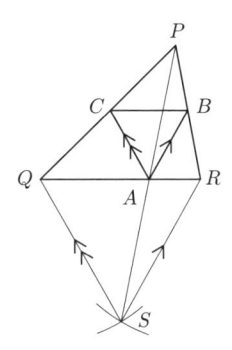

図 2-13　三角形内接の正三角形の作図

✍ **作図**

1. $\triangle PQR$ の辺 QR を 1 辺とする正三角形 $\triangle QRS$ を $\triangle PQR$ の外側に描く.
2. 直線 PS が辺 QR と交わる点を A とする.
3. 点 A を通り，直線 SR に平行な直線が辺 PR と交わる点を B，点 A を通り，直線 SQ に平行な直線が辺 PQ と交わる点を C とすると，$\triangle ABC$ が求める $\triangle PQR$ に内接し，辺 BC が辺 QR に平行な正三角形である.

[証明]　$SR // AB$ より，$AB : SR = PA : PS$

同様に，$SQ // AC$ より $AC : SQ = PA : PS$

よって

$$AB : SR = AC : SQ$$

ここで作図より，$SR = SQ$, したがって，$AB = AC$ である.

一方,

$$\angle BAC = \angle BAP + \angle CAP$$
$$= \angle RSA + \angle QSA$$
$$= \angle RSQ$$
$$= 60°$$

したがって，$\triangle ABC$ は頂角が $60°$ の2等辺三角形だから，正三角形である．

さらに $\triangle SRQ$ と $\triangle ABC$ は点 P を相似の中心として相似の位置にあるから，$BC // RQ$ である． □

🕮 吟味

$\triangle PQR$ が鋭角三角形の場合，外側の正三角形の描き方は3通りあるから，条件を満たす正三角形は3つある．$\triangle PQR$ が鈍角三角形で，鈍角が $120°$ 以上の場合，PS は PR と交わらないので，この場合は作図できず（図2-14），求める正三角形は1つである．鈍角三角形でも鈍角が $120°$ 未満の場合は作図可能．

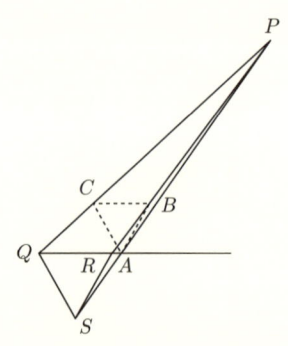

図 2-14　三角形内接の正三角形の作図その2

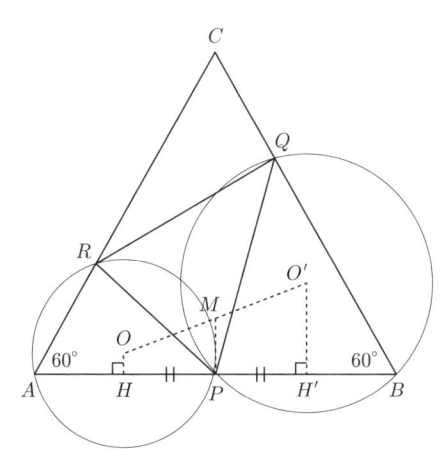

図 2-15　三角形外接の正三角形の作図

　内接正三角形の場合は，相似の利用によって比較的容易に作図ができた．では外接正三角形の場合はどうだろうか．この作図は内接の場合と較べるとやや難しい．相似法を使うわけではないが，比較のためここで紹介しよう．

問題 2.9　与えられた三角形 $\triangle PQR$ に外接する正三角形 $\triangle ABC$ を作図せよ．ただし，三角形 $\triangle PQR$ の 1 つの頂点 P が正三角形 $\triangle ABC$ の辺 AB の中点になるようにする．

解析

　求める正三角形 $\triangle ABC$ が作図できたとしよう．

　点 A は線分 PR を $60°$ で見込む円周上にあり，点 B は線分 PQ を $60°$ で見込む円周上にある．線分 PR, PQ は与えられた線分だから，これらの円は定円で，点 P はこの 2 つの定円の交点 (の 1 つ) である．線分 AB は点 P で 2 等分される．ここで，円の中心 O, O' から弦 AP, BP に下ろした垂線の足をそれぞれ H, H' とすれば，線分 HH' も点 P で 2 等分される．

以上の解析から，この問題は次の問題が作図できればよいことがわかる．

問題 2.10　交わる 2 円 O, O' の交点の 1 つを P とする．P を通る直線が 2 円と交わる点をそれぞれ A, B とするとき，線分 AB が点 P で 2 等分されるようにせよ．

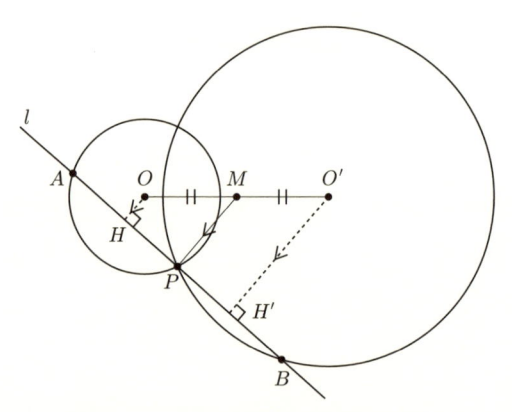

図 2-16　交わる 2 円の弦 2 等分の作図

✍ 補助作図

1. 線分 OO' の中点 M を求める．
2. 点 P を通り，線分 MP に垂直な直線 l を引き，円 O, O' との交点をそれぞれ A, B とすれば，点 P は線分 AB を 2 等分する．

[証明]　点 O, O' から線分 AB に下ろした垂線の足をそれぞれ H, H' とする．

四角形 $O'H'HO$ は $O'H'/\!/OH$ の台形で，M は辺 OO' の中点である．

したがって，P は辺 HH' の中点で

$$PH = PH'$$

一方,線分 $OH, O'H'$ はそれぞれ,弦 AP, BP に下ろした垂線だから,

$$AP = 2PH = 2PH' = PB \qquad \square$$

では,元の作図に戻る.

✎ 作図

1. 線分 PQ, PR を $60°$ で見込む 2 つの円周を描く.点 P は 2 円の交点の 1 つである.
2. 補助作図より,点 P で 2 等分される線分 AB を引く.
3. AR, BQ の延長の交点を C とすれば,$\triangle ABC$ が $\triangle PQR$ に外接し,点 P が辺 AB の中点である正三角形である.

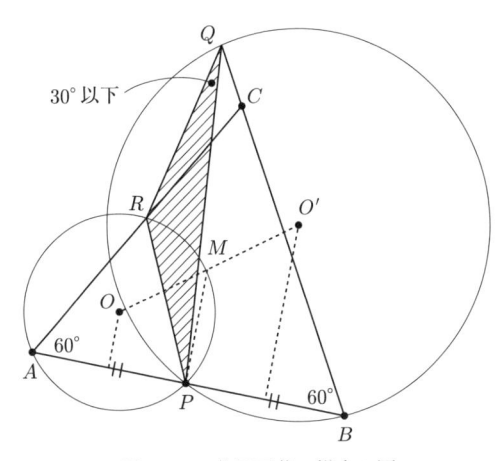

図 2-17 作図不能の場合の図

[証明] △ABC は 2 つの底角が 60° の三角形だから，条件を満たすことは明らかである． □

🔖 吟味

∠PQR が 30° 以下の三角形の場合，点 Q は BC の延長上に来てしまい，条件を満たす外接正三角形は作図できない．

なお，△PQR の角の大きさについては，ほかにもいろいろな場合があるが，読者諸賢の研究に委ねることとする．

作図の技法として重要なものに，反転という概念がある．反転とは直線についての線対称の考え方を円についての対称に拡張したもの，と考えることができる．反転で直線は円に変換され，これを用いて様々な作図問題を解くことができるが，本書では反転は扱わない（参考文献 [1], [2], [3], [7]）．

第3章

マスケロニの定理

　18世紀のイタリアの数学者マスケロニ（1750-1800）は1797年に大変興味深い定理を発表した．（実際はそれ以前にオランダの数学者モールによって同じ内容が発表（1672年）されていた．したがって，正確にはモール・マスケロニの定理というべきだが，本書ではマスケロニの定理と呼ぶ）．それは「コンパスと定規で作図可能な図は，すべてコンパスのみで作図可能である」という事実である．もちろん，コンパスだけで直線を引くことはできないから，直線上の2点が決まればその直線が引けたと解釈する．

マスケロニ (Lorenzo Mascheroni, 1750-1800)

初等幾何学における作図とは，
 1. 2直線の交点を求める．
 2. 直線と円の交点を求める．
 3. 2円の交点を求める．
ということを積み重ねて，求める図を描くということである．2円の交点を求めることがコンパスのみで作図できることは当たり前だから，コンパスだけで作図できるかという問題は
 1. （見えない）2直線の交点をコンパスだけで求めることができるか．
 2. （見えない）直線と円の交点をコンパスだけで求めることができるか．
に帰着する．これができるなら，定規とコンパスで作図できる点はすべてコンパスのみで作図できることになる．

　以下この問題を考えてみる．ただし，この作図には実用的な意味合いはまったくない．ただ，少し変わった（お金のかからない！）パズルとして楽しんでいただけると幸いである．

3.1　コンパスのみによる基本作図

　この章では，直線はすべて点線で表し，その上の特定の点を除いて見えないものとしよう．

定理 3.1
　線分 AB はコンパスだけを使って n 倍の長さに延長できる

この定理はすでに第 1 章で説明したが，そのときの証明を調べてみれば，じつはコンパスのみを使用していることがわかる．

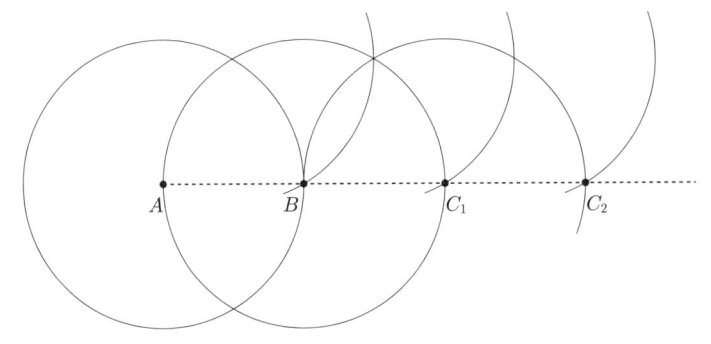

図 3-1　線分 n 倍のコンパスのみの作図

次にユークリッドのコンパスの使用法にしたがって，円が描けるかどうかを考察しよう．

定理 3.2

中心が O で，与えられた線分 AB（の長さ）を半径に持つ円がコンパスのみで作図できる．

この定理が証明できれば，以後は普通にコンパスを使うことができる．この定理の『原論』での証明を調べてみると，円と直線（の延長）との交点を用いて作図をしていて，この章では定規が使用できないため，『原論』の証明は残念ながら使えない．新しくコンパスだけを使った作図を考える必要がある．定理の証明の準備として，問題を 2 つ考える．

問題 3.1　線分 AB の中点をコンパスのみで求めよ．

普通なら，AB の垂直 2 等分線を描けばよいが，定規が使用できないため，垂直 2 等分線と元の線分 AB の交点を直線を引いて求める作図はできない．この問題は見かけより難しい．定規が使えないという制限がどれほど不自由なのかを味わい，ちょっと変わったパズルとして楽しんでもらいたい．

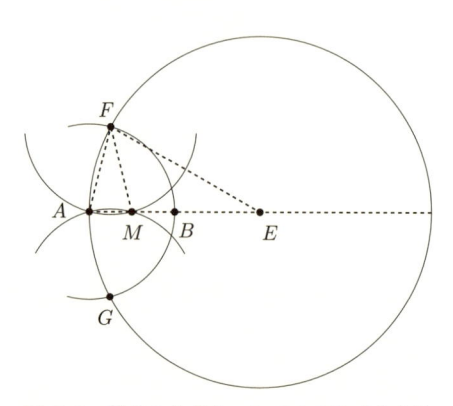

図 3-2 線分の中点をコンパスのみで求める

✍ 作図

1. 線分 AB の延長上に $AE = 2AB$ となる点 E をとる．
   これには，まず点 B を中心として，半径 AB の円 1 を描く．つぎに，点 A を中心として，半径 AB の円を描き，円 1 との交点を C とする．以下同様に，円 1 上に同じ半径で点 D, E をとればよい．
2. 点 E を中心とし，半径 AE の円を描く．
3. 点 A を中心とし，半径 AB の円を描く．
4. 円 3 が円 2 と交わる 2 点を F, G とする．
5. 点 F を中心とし，半径 FA の円を描く．
6. 点 G を中心とし，半径 GA の円を描く．
7. 円 5 と円 6 の交点を M とすれば，M は線分 AB の中点である．

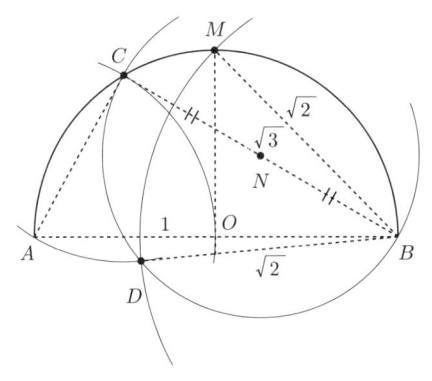

図 3-3 半円弧 AOB の中点のコンパスのみの作図

[証明] M は FG の垂直 2 等分線上にあるから，A, M, B, E は一直線上にある．ここで，$\triangle EAF$ と $\triangle FMA$ は底角を共有する 2 等辺三角形だから，

$$\triangle EAF \backsim \triangle FMA$$

よって，

$$AM : AB = AM : AF = AF : AE$$
$$= AB : AE = 1 : 2$$

すなわち，M は AB の中点である． □

この作図は $AE = nAB$ となる点 E を用いて，まったく同様の作図を行えば，線分 AB の n 等分点を作図することもできる．ただし，n が大きくなると，具体的に実行することは困難である．

問題 3.2 半円弧 AOB の中点 M をコンパスのみで求めよ．

✎ 作図

1. 点 A を中心とし，半径 AO の円を描き，半円弧との交点を C とする．
2. 線分 BC の中点 N を求める．（これがコンパスのみで求まることは問題 3.1 で証明した）
3. 点 N を中心とし，半径 NB の円を描く．
4. 点 C を中心とし，半径 CA の円を描き，円 3 との交点の 1 つを D とする．
5. 点 B を中心とし，半径 BD の円を描き，半円弧との交点を M とすれば，点 M は半円弧 AOB の中点である．

[証明] 計算のため，$OA = 1$ とする．
$\triangle CAB$ は $\angle C$ が直角の直角三角形だから，ピタゴラスの定理によって，
$$BC^2 + AC^2 = AB^2$$
すなわち，$BC^2 = 2^2 - 1^2 = 3$ より，$BC = \sqrt{3}$ である．
一方，$\triangle DBC$ も $\angle D$ が直角の直角三角形だから，
$$BD^2 + DC^2 = BC^2$$
すなわち，$BD^2 = (\sqrt{3})^2 - 1^2 = 2$ より，$BD = \sqrt{2}$ である．
よって，$BM = BD = \sqrt{2}$ より，M は半円弧 AOB の中点である．□

以上の準備のもとで，中心が O で与えられた線分 AB（の長さ）を半径に持つ円がコンパスのみで作図できることを証明しよう．

定理 3.3

中心が O で，与えられた線分 AB（の長さ）を半径に持つ円がコンパスのみで作図できる．

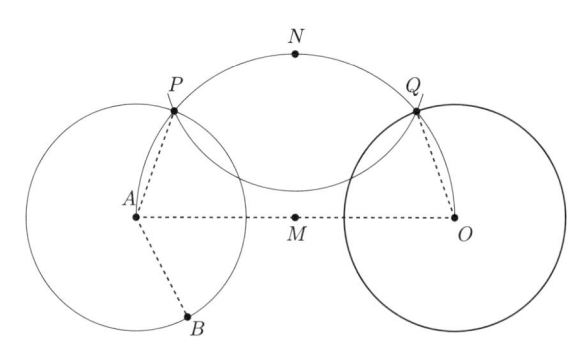

図 3-4 中心 O，半径 AB の円のコンパスのみの作図

✍ 作図

1. 線分 AO の中点 M を（コンパスのみで）求めて，半円弧 AMO を描く．
2. 点 A を中心として，半径 AB の円を描く．
3. 円 2 と半円弧 AMO の交点を P とする．
4. 半円弧 AMO の中点 N を求める．
5. 点 N を中心として，半径 NP の円を描く．
6. 円 5 と半円弧 AMO の（もう 1 つの）交点を Q とする．
7. 点 O を中心とし，半径 OQ の円を描けば，これが求める中心 O で半径が AB の円である．

証明は，図が線分 MN を軸として線対称なので明らかである．

吟味

作図において，円2と半円弧 AMO が交わらないときは，このままでは作図できない．

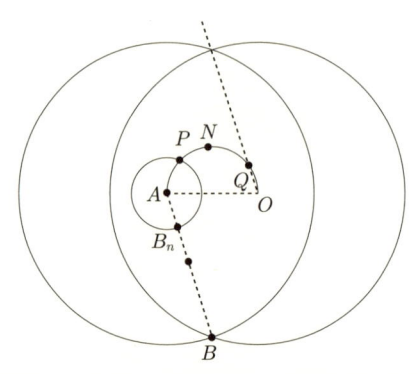

図 3-5 中心 O，半径 AB の円の作図の吟味

このときは線分 AB を 2^n 等分し，線分 AB_n を求め，上の作図が可能な状態にして OQ を作図し，これを 2^n 倍すればよい．いずれもコンパスのみで作図可能である．

以上の考察から，コンパスのみでも線分を n 倍に延長したり n 等分したり，あるいは任意の半径で円が描けることがわかった．以後は線分の延長やコンパスの開いたままでの移動は断りなしに使うことにする．

注）この作図は半円弧の中点を使わなくても容易に作図できる．

3.2 円と直線の交点の作図

マスケロニの定理を証明するため，最初に円と直線の交点をコンパスのみで求めることを考察する．準備として次の問題を考えよう．

問題 3.3 与えられた円上の弧 AB の中点をコンパスのみで求めよ．

この作図はかなり難しい．直径が明示されている半円（与円と同心）を作り，中心の垂直 2 等分線上に与えられた円と同じ半径の点を取ることを考える．

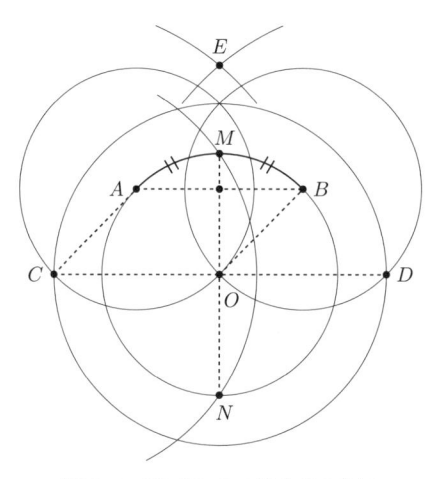

図 3-6 弧 AB の 2 等分点の作図

解析

弧 AB の中点 M が作図できたとする．与円の半径を r，線分 AB の長さを a とする．

このとき，中心 O で AB に平行な直径 $CD = 2AB$ を持つ半円を COD とすると，

$$CM^2 = a^2 + r^2$$

O に立てた CD の垂線上に CM に等しい長さ OE をとると，

$$CE^2 = OC^2 + OE^2$$
$$= a^2 + (a^2 + r^2)$$
$$= 2a^2 + r^2$$

したがって，この長さを持つ 2 点がコンパスのみで描ければ，解析を逆に辿って点 M を決めることができる．

ところが，上の式は少し書き直してみると

$$CE^2 + r^2 = 2(a^2 + r^2)$$

となって，これはパップスの中線定理の式である．

注) パップスの中線定理

定理 3.4　**パップスの中線定理**

$\triangle ABC$ の辺 BC の中点を M とすると，

$$AB^2 + AC^2 = 2(BM^2 + AM^2)$$

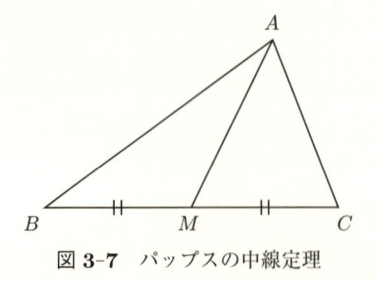

図 3-7　パップスの中線定理

以上の解析から次の作図を得る．

3.2 円と直線の交点の作図

✎ **作図**

円 O 上の 2 点を A, B とする.

1. 点 A を中心として,半径 AO の円を描く.同様に,点 B を中心として,半径 BO の円を描く.
2. 点 O を中心として,半径が AB に等しい円を描く(この円がコンパスのみで描けることはすでに証明した).
3. 円 1 と円 2 の交点で AB について O 側にある点を C, D とする.CD は O を通る直径である.
4. 点 C を中心とし,半径 CB の円を描く.同様に,点 D を中心とし,半径 DA の円を描き,その A, B 側にある交点を E とする.
5. 点 C を中心とし,半径 OE の円を描き,与円との交点を M, N とすれば,点 M は弧 AB の中点で,点 N は反対側の弧 AB の中点である.

[証明] 作図より,四角形 $ACOB$ と四角形 $AODB$ は向かい合う 2 組の辺が等しいので,平行四辺形である.

したがって,3 点 C, O, D は同一直線上にあり,CD は円 2 の直径である.

ここで $\triangle BCD$ にパップスの中線定理を使うと,

$$CB^2 + r^2 = 2(a^2 + r^2)$$

となり,したがって,

$$CB^2 = 2a^2 + r^2$$

よって,

$$CE^2 = CB^2 = 2a^2 + r^2$$

ゆえに,

$$OE^2 = CE^2 - CO^2$$
$$= (2a^2 + r^2) - a^2$$
$$= a^2 + r^2$$

したがって，$CM^2 = OE^2 = a^2 + r^2$ より，ピタゴラスの定理の逆を使って，$\angle COM$ は直角である．

すなわち，M は O で CD に立てた垂線上の点となり，M は弧 AB を 2 等分する． □

問題 3.4 円 O と直線 AB（上の 2 点 A, B）が与えられたとき，円 O と直線 AB の交点をコンパスのみで求めよ．

2 つの場合に分ける．
(1) 直線が円の中心を通らない場合

✎ 作図
1. 点 A を中心とし，AO を半径とする円を描く．
2. 点 B を中心とし，BO を半径とする円を描く．
3. 円 1 と円 2 の O 以外の交点を O' とし，点 O' を中心とし，半径が与えられた円の半径に等しい円を描く．（この円が描けることはすでに証明した）
4. 円 3 と与円の交点を C, D とすれば，点 C, D が求める直線 AB と円 O との交点である．

証明は，点 O' が点 O の直線 AB についての対称点であることから明らかである．

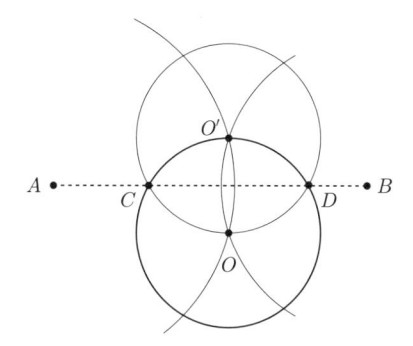

図 3-8　円と直線の交点その 1

🕮 吟味

　三角形の 2 辺の和は他の 1 辺より大きいので，円 1 と円 2 は必ず交わるが，AB が与円の半径に較べて長いときは，実際の作図は困難である．

(2)　直線が円の中心を通る場合

✎ 作図

1. 点 A を中心とし，適当な半径で円 O と交わる円を描き，円 O との交点を P, Q とする．
2. 大小 2 つの弧 PQ の中点 C, D を求めれば，点 C, D が求める直線 AB と円 O との交点である．

　直線 AB が円 O の中心を通ることから，証明は明らかである．
　では最後に 2 直線の交点をコンパスだけで求めることを考えよう．

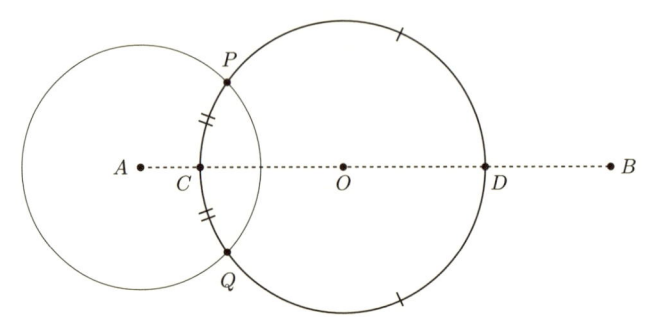

図 3-9　円と直線の交点その 2

3.3　2直線の交点の作図

　コンパスのみの作図では直線を引くことはできない．したがって，この問題は 4 点 A, B と C, D が与えられたとき，見えざる四角形 $ABCD$ の対角線 AC と BD の交点をコンパスだけを使って求めよ，ということになる．準備として次の問題を考える．

問題 3.5　3 点 ABC が与えられたとき，四角形 $ABCD$ が平行四辺形となるような点 D をコンパスのみで求めよ．

✎ **作図**
1. 点 A を中心とし，半径 BC の円を描く．
2. 点 C を中心とし，半径 AB の円を描く．
3. 円 1 と円 2 の交点を D とすれば，四角形 $ABCD$ が求める平行四辺形である．

[証明]　作図より明らかなように，四角形 $ABCD$ は向かい合う 2 組の辺が等しいので平行四辺形になる．　□

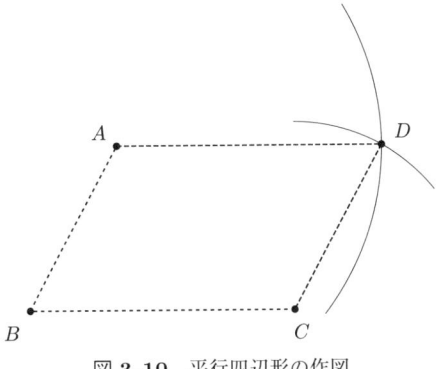

図 3-10 平行四辺形の作図

🔖 吟味

点 D の取り方は 1, 2 の円の中心を A, B, C のいずれに取るかによって 3 通りあり，平行四辺形も 3 通りできる．また，A, B, C が同一直線上にあれば作図はできない．

なお，この問題は，直線 AB とその上にない 1 点 C が与えられたとき，コンパスのみで C を通り，AB に平行な直線が引けることを示している．

問題 3.6 線分 AB と比 $a:b$ が与えられたとき，

$$AB : CD = a : b$$

となる線分 CD をコンパスのみで作図せよ．ただし，a, b は線分の長さで与えられているとする．

$a : b$ が整数比の場合，これは

$$a \cdot CD = b \cdot AB$$

と同じだから，線分 AB の b 倍の長さを作図し，その a 等分の長

さを作図すればよい．これはすでにコンパスのみで作図可能であることを示した．

では一般に $a:b$ が実数比の場合，どうすればよいか．この場合は相似図形を用いるのが明解である．

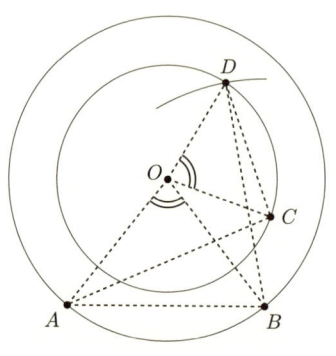

図 3-11 比例する線分の作図

✎ 作図

1. 半径が $a,b (a>b)$ である同心円を描き，大円の周上に任意の点 A をとる．
2. 点 A を中心とし，半径 AB の円を描き，大円との交点を改めて B とする（交点が存在しないときは後で吟味する）．
3. 点 A を中心とし，適当な半径で小円と交わる円を描き，小円との交点を C とする．
4. 点 B を中心とし，円 3 と同じ半径で円を描き，小円との交点のうち OB について A と反対側にある点を D とすれば，線分 CD が求める $AB:CD = a:b$ となる線分である．

[証明]　作図より，3 辺相等の合同で $\triangle OAC \equiv \triangle OBD$ である．したがって，

$$\angle AOB = \angle AOC - \angle BOC$$
$$= \angle BOD - \angle BOC$$
$$= \angle COD$$

$\triangle OAB$ と $\triangle OCD$ は頂角が等しい 2 等辺三角形だから

$$\triangle OAB \backsim \triangle OCD$$

したがって，$AB:CD = a:b$ である． □

吟味

大円の直径が AB より短い場合は，作図 2 で交点が求まらない．この場合は，線分 a と線分 b を共に k 倍し $ka > AB$ となるようにしておき，ka, kb を用いて同じ作図をすればよい．$AB = 2a$ の場合は容易である．

問題 3.7 $AD//BC$ をみたすように与えられた台形の 4 点 A, B, C, D の対角線の交点 P をコンパスのみで求めよ．

作図

1. $\triangle DBC$ に対して，四角形 $DBCE$ が平行四辺形となり，3 点 A, D, E が同一直線上にある点 E を求める．
2. $AE : EC = AD : x$ となる線分（の長さ）x を求める．（長さ AE, EC, AD はすべて既知なので，問題 3.6 により，x はコンパスのみで求まる）．
3. $\triangle ABC$ に対して，四角形 $FBCA$ が平行四辺形となり，3 点 D, A, F が同一直線上にある点 F を求める．
4. $DF : FB = DA : y$ となる線分（の長さ）y を求める．（長さ DF, FB, DA はすべて既知なので，問題 3.6 により，y はコンパスのみで求まる）．

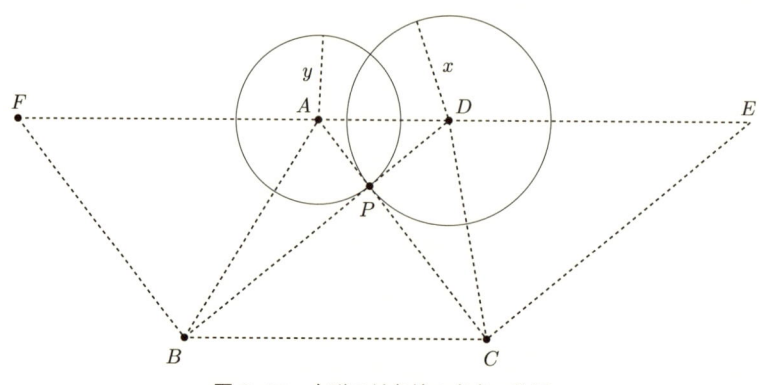

図 3-12 台形の対角線の交点の作図

5. 点 D を中心として，半径 x の円を描く．
6. 点 A を中心として，半径 y の円を描く．
7. 円 5 と円 6 の交点のうち，台形の内部にある点を P とすれば，点 P が求める台形の対角線の交点である．

[証明] 作図より，$AD:DP = AE:EC$
したがって
$$DP = \frac{AD \cdot EC}{AE}$$

同様に，$DA:AP = DF:FB$ より
$$AP = \frac{DA \cdot FB}{DF}$$

一方，対角線 AC, BD の交点を P' とすると，$P'D // CE$ より，
$$AD:DP' = AE:EC$$

したがって
$$DP' = \frac{AD \cdot EC}{AE}$$

同様にして，$P'A // BF$ より $DA : AP' = DF : FB$
したがって
$$AP' = \frac{DA \cdot FB}{DF}$$

よって，$DP = DP'$, $AP = AP'$ である．

すなわち，3辺相等の合同定理より，$\triangle ADP \equiv \triangle ADP'$ となり，P と P' は一致する． □

|問題 3.8| 与えられた四角形（の4点）$ADBC$ の対角線の交点 P をコンパスのみで求めよ（2直線 AB, CD の交点を求めよ）．

この問題は直線の交点をコンパスのみで求めることと同じである．

✎ 作図

1. 点 A を中心とし，半径 AC の円を描く．
2. 点 B を中心とし，半径 BC の円を描く．
3. 円1と円2の（C 以外の）交点を C' とする．
4. 点 A を中心とし，半径 AD の円を描く．
5. 点 B を中心とし，半径 BD の円を描く．
6. 円4と円5の（D 以外の）交点を D' とする．
7. 四角形 $CC'DD'$ は台形（いまの場合は等脚台形）だから，問題3.7により，その対角線 $CD, C'D'$ の交点 P を求めれば，点 P は四角形 $ADBC$ の対角線の交点である．

[証明] 点 C' は点 C の線分 AB についての対称点，また点 D' は点 D の線分 AB についての対称点である．

したがって，$CC' \perp AB$, $DD' \perp AB$ より，

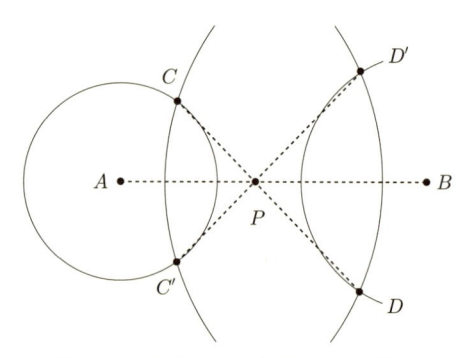

図 3-13 四角形の対角線の交点の作図

$$CC'//DD'$$

となり，四角形 $CC'DD'$ は台形である．いまの場合，$C'D = CD'$ もいえるので，等脚台形である．

したがって，四角形 $CC'DD'$ の対角線の交点 P は等脚台形の対称軸 AB の上にある．

よって，点 P は四角形 $ADBC$ の対角線の交点である． □

吟味

(1) この作図は，点 C' が直線 CD 上にあるとき（当然点 D' も直線 CD 上にある）は成立しない．この場合は，直線 CD は直線 AB に直交していて，直線 AB は点 C, C' の対称軸である．したがって，点 C' を求め，線分 CC' の中点 P を（コンパスのみで）求めれば，点 P が四角形 $ACBD$ の対角線の交点である．

(2) この作図は，点 C, D が直線 AB の一方の側にあるときも成立しない．この場合は，直線 CD を延長して，延長上の点 E を，点 D, E が直線 AB の両側にあるようにとり，四角形 $ACBE$ の対角線の交点を求めればよい．線分 DE に対して点 A, B が同じ側にあるなら，同様に AB を延長して，点 F を取り四角形

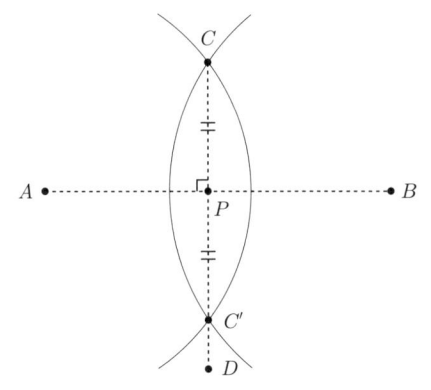

図 3-14　四角形の対角線の交点の作図その 2

$ACFE$ の対角線の交点を求める（図 3-15）．

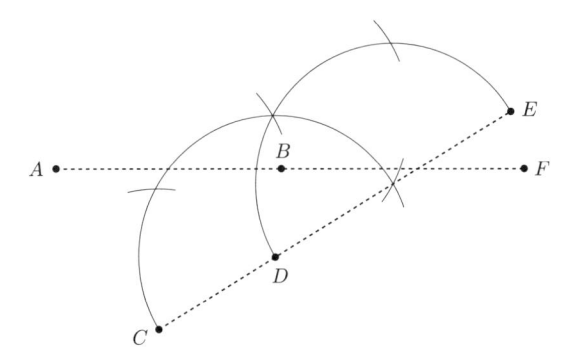

図 3-15　四角形の対角線の交点の作図その 3

以上により，コンパスのみで，円と円，円と直線，直線と直線の交点を求めることができる．したがってマスケロニの定理は証明された．もう一度定理を述べておこう．

| 定理 3.5 | **マスケロニの定理** |

コンパスと定規で作図できる図は，すべてコンパスのみで作図できる．

3.4 マスケロニの作図

具体的なマスケロニの作図問題をいくつか紹介する．

問題 3.9　線分 AB と AB 上にない点 P が与えられたとき，P から AB に下ろした垂線の足 H を求めよ．

✍ 作図

1. 点 A を中心とし，半径 AP の円を描く．
2. 点 B を中心とし，半径 BP の円を描く．
3. 円1と円2の（P 以外の）交点を P' とする．
4. 線分 PP' の中点 H を求めれば，点 H が求める垂線の足である．

証明は，点 P, P' が直線 AB についての対称点であることから明らかである．

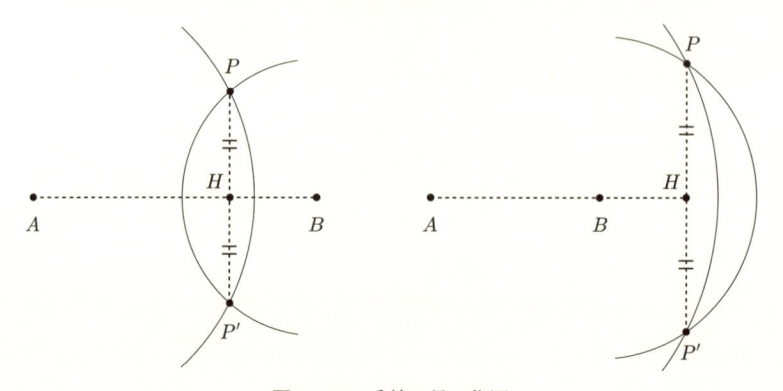

図 3-16　垂線の足の作図

問題 3.10　一直線上にある3点 A, P, B について，点 P で AB に立てた垂線 PD を求めよ．

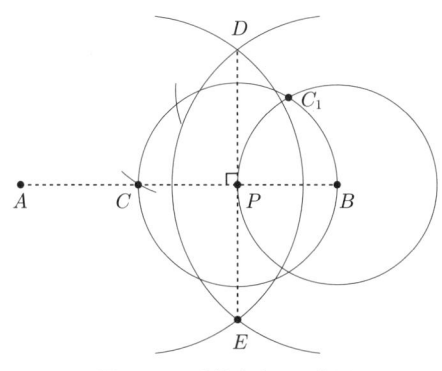

図 3-17　垂線を立てる作図

✍ 作図

1. 点 B を中心とし，半径 PB の円を描く．
2. 点 P を中心とし，半径 PB の円を描き，円1との交点を C_1 とする．
3. 以下同様に，円2を半径 PB の円で3回分割し，点 C を求める．C は線分 AB 上にあり，点 P について点 B の対称点である．
4. 点 B, C を中心とし，適当な半径の円を描き，その交点を D, E とすれば，線分 PD, PE が求める点 P で線分 AB に立てた垂線である．

証明は，点 D, E は線分 BC の垂直2等分線上にあるから明らかである．

3.5　コンパスによる正多角形の作図

線分 AB が与えられたとき，AB を1辺とする正多角形のコンパスのみでの作図を考えよう．この場合は，正多角形の頂点を求めることになる．

🍂 正三角形

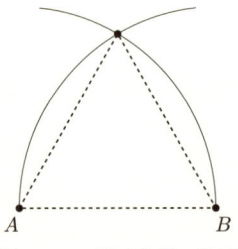

図 3-18　正三角形の作図

正三角形の作図は，もともとの作図でも（辺を引くことを除いて）コンパスのみで作図されていた．

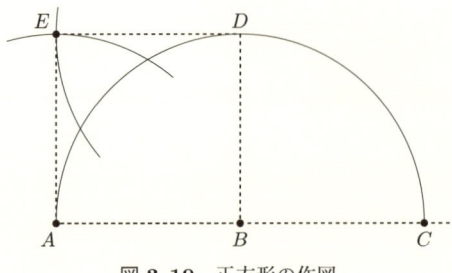

🍂 正方形

図 3-19　正方形の作図

✍ 作図

1. 線分 AB を 2 倍に延長した点 C を求める.
2. 半円弧 ABC の中点 D を求める.
3. 点 A を中心とし半径 AB の円と，点 D を中心とし半径 DB の円を描き，それらの B 以外の交点を E とすれば，四角形 $ABDE$ は正方形である.

証明は，四角形 $ABDE$ は $AB = BD, \angle ABD$ が直角の平行四辺形だから明らかである.

では正五角形の場合はどうだろうか.

問題 3.11 与えられた線分 AB を 1 辺とする正五角形をコンパスのみで作図せよ.

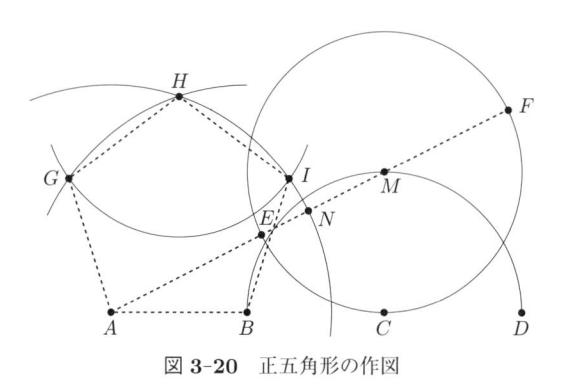

図 3-20 正五角形の作図

🗨 解析

正五角形の 1 辺を 1 とすると，対角線 x は $x : 1 = 1 : (x-1)$ を満たすので，$x = \dfrac{1+\sqrt{5}}{2}$ となる．したがってコンパスのみでこの長さが求まれば正五角形が作図できる．

✍ 作図

1. 線分 AB を 2 倍，3 倍に延長した点を C, D とする．
2. 半円弧 BCD の中点 M を求める．
3. 点 M を中心とし，半径 AB の円を描く．
4. 直線 AM と円 3 の交点 E, F を求める．（EF は円 3 の直径である）
5. 線分 AF の中点 N を求める．
6. 点 A を中心とし，半径 AN の円を描く．
7. 点 B を中心とし，半径 AN の円を描く．
8. 円 6 と円 7 の交点の 1 つを H とすれば，H は求める正五角形の頂点（の 1 つ）である．
9. 点 A, B, H を中心とし，半径 AB の円の交点をそれぞれ G, I とすれば，点 A, B, G, H, I が求める正五角形の頂点である．

[証明] $AB = 1$ とすれば，ピタゴラスの定理より，

$$AC^2 + MC^2 = AM^2$$

よって，$2^2 + 1^2 = AM^2$ となり，$AM = \sqrt{5}$ である．
よって，$AF = 1 + \sqrt{5}$ より，

$$AN = \frac{1 + \sqrt{5}}{2}$$

となり，AN が正五角形の対角線の長さを与える． □

　コンパスのみによる作図については，反転法を用いたきれいな解析がある（反転を使ったマスケロニの定理の証明については参考文献 [1][2][3] を参照）．

第4章

シュタイナーの定理

　前章では，普通の作図がすべてコンパスのみで可能であることを見た．このように用いる道具などに条件をつけた作図を一般に制限作図という．では定規だけで作図ができるだろうか．定規だけでできる作図もあれば，定規だけではできない作図もある．では定規だけで作図をするためにはどのような条件があればよいか．18世紀の数学者シュタイナーとポンスレはそれを研究し，平面上に中心の分かっている円が1つ与えられていれば，すべての作図は定規のみで可能であることを明らかにした．本章ではその定理を考えよう．

シュタイナー (Jakob Steiner, 1796-1863)

4.1 定規のみによる作図

前章では定規とコンパスを用いる作図は，すべてコンパスのみで作図可能であることを見た．では定規だけで作図は可能だろうか．

これについては，定規だけでは線分 AB の中点でさえも求められないことが知られている．（参考文献 [1]）

定理 4.1

線分の中点を定規だけで求めることはできない

[証明] 背理法による．

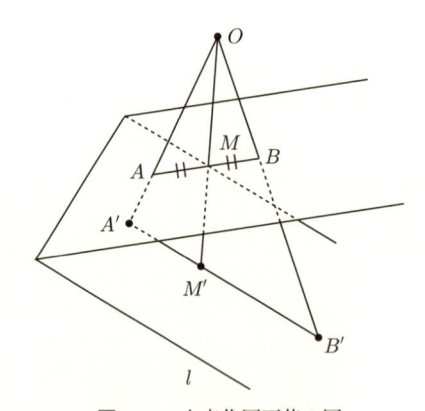

図 4-1 中点作図不能の図

ある平面上の線分の中点が定規のみで作図できたとする．このとき，平面外の点 O を用いて，作図に用いられる線分をすべて別の平面に射影すると，その平面上での線分の中点の作図が求まるはずであるが，この射影は中点を中点に射影しないように選べるので矛盾である． □

一方，平面上に定円とその中心が与えられていれば，定規とコンパスを用いた任意の作図は，定規のみで可能である．これをシュタイナーの定理という．この定理はポンスレ (1788-1867) とシュタイナー (1796-1863) によって独立に証明されたので，本来は「ポンスレ・シュタイナーの定理」と呼ぶべきだが，本書ではシュタイナーの定理と呼ぶことにする．

なお，本章ではすべての作図でコンパスは用いず，与えられた定円 O と定規だけを使うので，「定円 O と定規だけを用いて」という言葉を省略することもある．

4.2 定円と中心が与えられた作図

問題 4.1　線分 AB とその中点 M が与えられているとき，与えられた点 P を通り線分 AB に平行な直線を作図せよ．

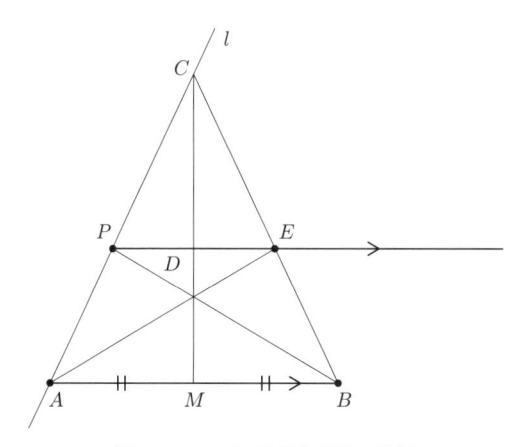

図 4-2　AB に平行な直線の作図

✎ 作図

1. 点 A と P を結ぶ直線 l を引き，l 上に任意に点 C を取る．
2. 直線 BC，直線 BP，直線 CM を引く．
3. 直線 BP と直線 CM の交点を D とする．
4. 直線 AD と直線 BC の交点を E とし，直線 PE を引けば，$AB // PE$ である．

[証明] $\triangle ABC$ にチェバの定理を用いると，

$$\frac{CP}{PA} \cdot \frac{AM}{MB} \cdot \frac{BE}{EC} = 1$$

ここで，$AM = BM$ より，

$$\frac{CP}{PA} \cdot \frac{BE}{EC} = 1$$

すなわち

$$\frac{CP}{PA} = \frac{CE}{EB}$$

したがって，

$$AB // PE$$

□

これより，中点がわかっている線分があれば，定規のみで任意の点を通り，それに平行な直線が引けることがわかる．

問題 4.2 与えられた定円 O に内接する正方形 $PQRS$ を作図せよ．

✎ 作図

1. 定円 O の任意の直径 PR を引く．
2. 円周上に任意の点 A をとり，直線 PA を引く．

4.2 定円と中心が与えられた作図　81

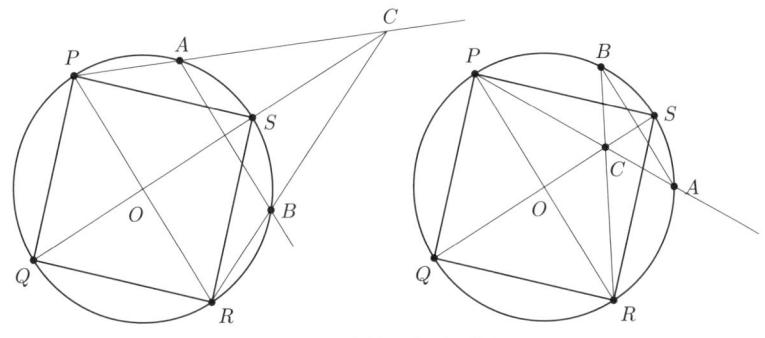

図 4-3　内接正方形の作図

3. 問題 4.1 を用いて，点 A を通り，PR に平行な直線を引き，円 O との交点を B とする．
4. 直線 RB を引き，直線 PA との交点を C とする．
5. 直線 OC と円 O との交点を Q, S とすれば四角形 $PQRS$ が求める正方形である．

[証明]　四角形 $PABR$ は円に内接する台形である．したがって四角形 $PABR$ は等脚台形となる．

よって，直線 PA, RB の交点を C とすれば，$\triangle CPR$ は 2 等辺三角形で，点 O は底辺 PR の中点である．

したがって，$CO \perp PR$ となり，四角形 $PQRS$ は円に内接し，対角線が中心 O で直交している四角形となり，四角形 $PQRS$ は正方形である． □

問題 4.3　任意の線分 AB の中点 M を求めよ．

コンパスが使えれば，AB の垂直 2 等分線を引けばよいが，コンパスは使えないので，少し工夫が必要である．

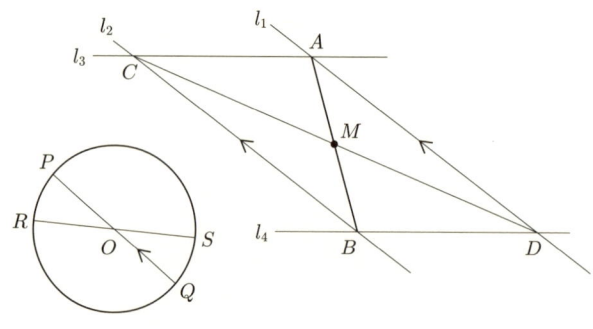

図 4-4　線分の中点の作図

✎ 作図

1. 円 O の 2 本の直径 PQ と RS を線分 AB に平行にならないように引く．
2. 直径 PQ, RS はいずれも中点 O がわかっているから，それを用いて点 A および点 B を通り，PQ に平行な直線 l_1, l_2 を引く．
3. 同様に点 A および点 B を通り，RS に平行な直線 l_3, l_4 を引く．
4. 4 直線 l_1, l_2, l_3, l_4 の A, B 以外の交点を C, D とし，四角形 $ACBD$ を作る．
5. 四角形 $ACBD$ の対角線の交点を M とすれば，M は線分 AB の中点である．

[証明]　作図より四角形 $ACBD$ は平行四辺形となるので，その対角線 AB, CD の交点 M は AB の中点である．　□

📖 吟味

$PQ // AB$ のときはこの作図はできないが，直径 PQ, RS は $PQ // AB$ とならないように引くことができる．

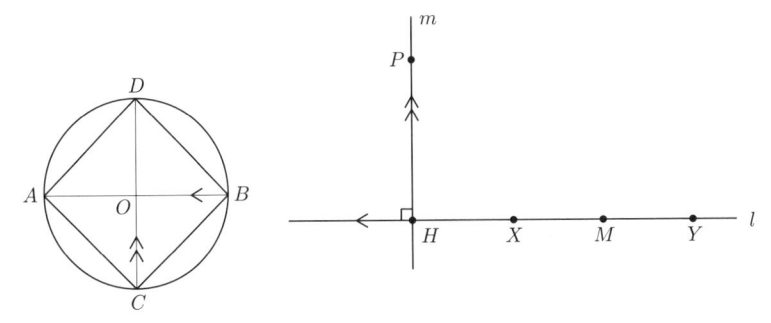

4.2 定円と中心が与えられた作図

図 4-5 垂線の作図

問題 4.4 直線 l と直線上にない点 P が与えられている．点 P から l に垂線 PH を引け．

✏️ 作図

1. 直線 l 上に任意の 2 点 X, Y をとり，問題 4.3 を用いて，XY の中点 M を求める．
2. 線分 XY とその中点 M を用いて，円 O の l に平行な直径 AB を引く．
3. 円 O に内接し AB を対角線に持つ正方形 $ACBD$ を作図する．
4. 点 P を通り，線分 CD に平行な直線 m を引く．
5. 直線 m と直線 l との交点を H とすれば，PH が求める垂線である．

[証明] 定円 O の中に条件を満たす図形を作り，それを平行移動で移している．この証明から，点 P が直線 l 上にあっても同様であることがわかる．したがって，直線上の任意の点でその直線に垂線を立てることもできる．定円 O の中心 O が直線 l 上にある場合は，l と円 O の交点を A, B とすればよい． □

この作図を見ると，定円 O のみが与えられている作図では，この円の中で条件を満たす図を作り，それを円の外部に移せばよい，という作図の基本戦略が見える．

問題 4.5 線分 AB と直線 l および l 上の点 C が与えられているとき，l 上に $CD = AB$ となる点 D をとれ．

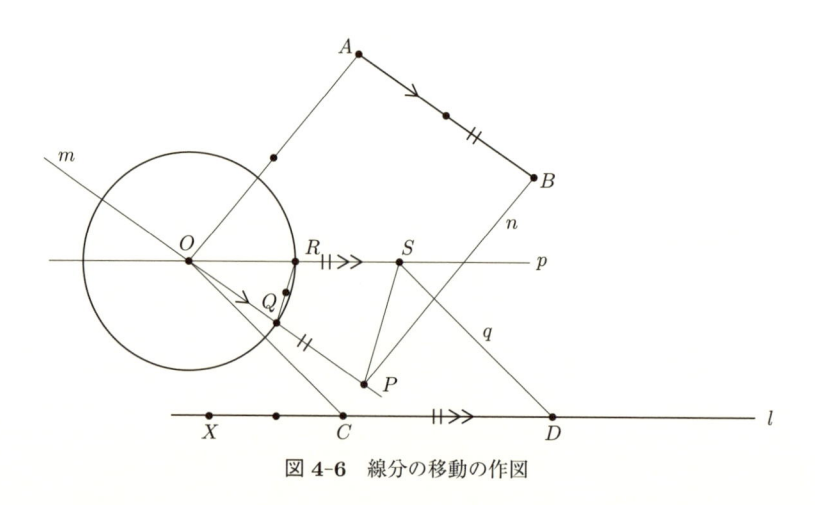

図 4-6 線分の移動の作図

✎ 作図

1. 問題 4.3 を用いて線分 AB の中点を求める．
2. 1 の中点を用いて，定円の中心 O を通り，AB に平行な直線 m を作図する．
3. 線分 AO の中点を求め，それを用いて，点 B を通り AO に平行な直線 n を作図し，直線 m と直線 n の交点を P とする．
4. 直線 l 上に適当に線分 CX を取り，その中点を用いて，点 O を通り直線 l に平行な直線 p を作図する．
5. 直線 OP と円 O の交点を Q，直線 p と円 O との交点を R とする．

6. 線分 QR の中点を求め，それを用いて，点 P を通り，直線 QR に平行な直線を引き，直線 p との交点を S とする．
7. 線分 OC の中点を求め，それを用いて，点 S を通り直線 OC に平行な直線 q を作図する．
8. 直線 q と直線 l との交点を D とすれば，$CD = AB$ である．

[証明]　作図より，四角形 $AOPB$ は平行四辺形だから，

$$AB = OP$$

同様に作図より，$\triangle OQR \backsim \triangle OPS$ から $\triangle OPS$ は 2 等辺三角形となり，$OP = OS$ である．

最後に，四角形 $OCDS$ は平行四辺形だから，$OS = CD$ で，したがって，

$$AB = OP = OS = CD \qquad \square$$

吟味

この作図は線分 AB が円 O の中心を通る場合は適用できない．

この場合は円 O の直径 PQ を線分 AB と円の中心 O で交わるように引いておき，点 A, B を通り，PQ に平行な直線 m, n を引く．AB の中点を用いて，AB に平行な直線を円 O 外に引き，m, n との交点を A', B' とすれば，四角形 $ABB'A'$ は平行四辺形である．線分 $A'B'$ は円 O の外にあり，$A'B' = AB$ だから，線分 $A'B'$ を用いて前の作図をすればよい．また，$AB // l$ の場合は容易である．

以上の作図から，次の定理が成り立つ．

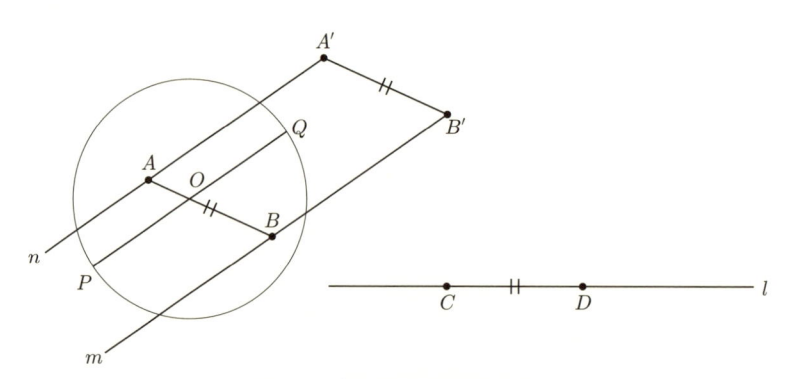

図 4-7 線分の移動の作図その 2

定理 4.2

定円 O とその中心が与えられていれば，任意の点 P を中心とし任意の長さ AB を半径とする円周上の点が定規のみで求まる．

すなわち，ユークリッドの作図の表現に従えば，定円 O とその中心が与えられていれば，定規のみで，任意の点を中心とし任意の半径で円が描ける（円周上の点が求まる）．

4.3 シュタイナーの作図

定円 O とその中心が与えられているとき，見えない円（中心と半径はわかっている円，以下虚円ということもある）と直線の交点を定規だけで求めてみよう．

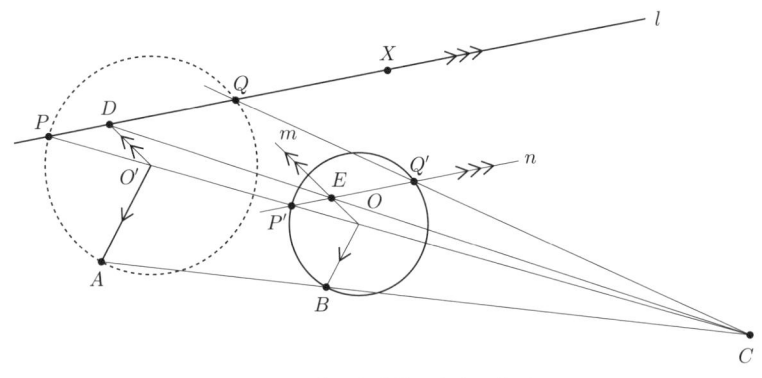

図 4-8　虚円と直線の交点の作図

|問題 4.6|　中心と半径が与えられている虚円 O' と直線 l の交点を求めよ．

円の中心を O' とし，半径として円周上の点 A が与えられているとする．あらかじめ与えられている定円を O とする．

✍ 作図

1. 線分 $O'A$ の中点を作図し，それを用いて点 O を通り線分 $O'A$ に平行な円 O の半径 OB を引く．
2. 2 直線 BA, OO' の交点を C とする．
3. l 上の任意の点を D とし，線分 $O'D$ を引く．
4. 線分 $O'D$ の中点を作図し，それを用いて点 O を通り $O'D$ に平行な直線 m を引く．
5. 直線 CD（の延長）と直線 m との交点を E とする．
6. 直線 l 上の任意の点を X とし，線分 DX の中点を作図する．それを用いて点 E を通り，直線 l に平行な直線 n を引き，定円 O との交点を P', Q' とする．
7. 直線 $P'C, Q'C$ と直線 l との交点をそれぞれ P, Q とすれば，点 P, Q が求める円 O' と直線 l の交点である．

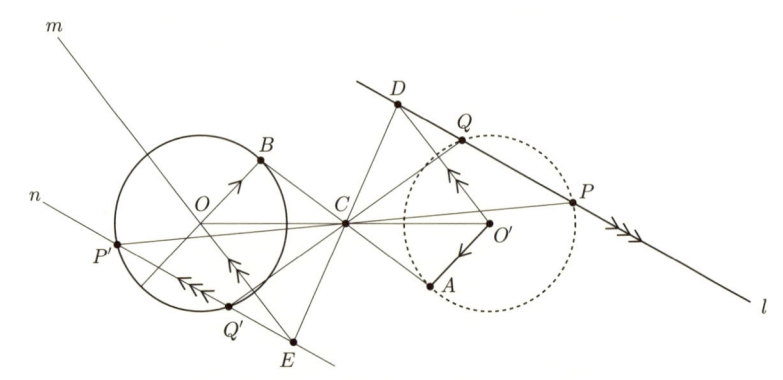

図 4-9 虚円と直線の交点の作図 等円の場合

[証明] 作図より，点 C は 2 円 O, O' の相似の中心である．したがって，PQ と $P'Q'$ は相似の位置にあり，P, Q は円 O' 上にある． □

📚 吟味 1

円 O と円 O' の半径が等しい場合は $AB // OO'$ となり，上の図では作図できない．この場合は半径 OB の直径の端点を改めて B とし，この作図を実行すればよい．この場合，求める図は点 C を対称の中心として点対称である．

📚 吟味 2

円 O, O' が同心円のとき，このときは 2 つの場合に分けよう．

(1) 定円 O が見えない円（虚円）の外側にあるとき．
このときは直線 l と定円 O との交点を P', Q' とする．

✎ 作図

1. 直線 OP' 上に見えない円の半径に等しい点 A をとる．（問題 4.5）
2. 点 O から直線 l に垂線 OH を下ろす．
3. 線分 AH の中点を用いて，点 P' を通り線分 AH に平行な直線を引き，直線 OH との交点を B とする．

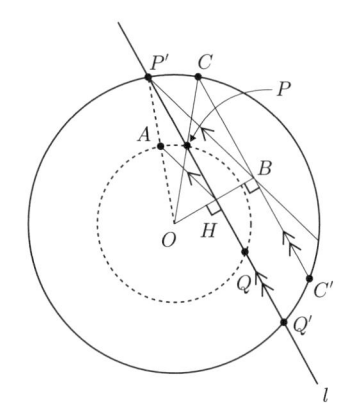

図 4-10　虚円と直線の交点の作図　同心円の場合

4. 点 B を通り直線 OH に垂直な直線を引き，定円 O との交点を C, C' とする．
5. 線分 OC と直線 l との交点を P とする．
6. 同様に点 Q を作図すれば，点 P, Q が求める直線 l と見えない円との交点である．

[証明]　作図より，
$$\frac{OA}{OP'} = \frac{OH}{OB} = \frac{OP}{OC}$$
で，$OP' = OC$ だから $OA = OP$ となり，点 P は見えない円周上にある．したがって直線 l と見えない円の交点である．　□

(2) 定円 O が見えない円の内側にあるとき．
・直線 l が定円 O と 2 点 P', Q' で交わるとき
　　(1) の作図がそのまま使える．
・直線 l が定円 O と交わらないとき
　　定円 O の任意の直径 $P'Q'$ を引き，この 2 点 P', Q' を用いて同様の作図を行えばよい．（図 4-11 参照）

90   第 4 章　シュタイナーの定理

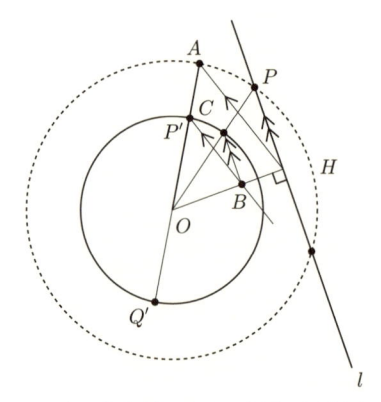

図 4-11　虚円と直線の交点の作図　同心円の場合

次に見えない 2 つの円の交点を定規のみで求めるために，次の定理を用意する．

定理 4.3

交わる 3 つの円がある．その 2 つずつの円の共通弦 3 本は 1 点で交わる

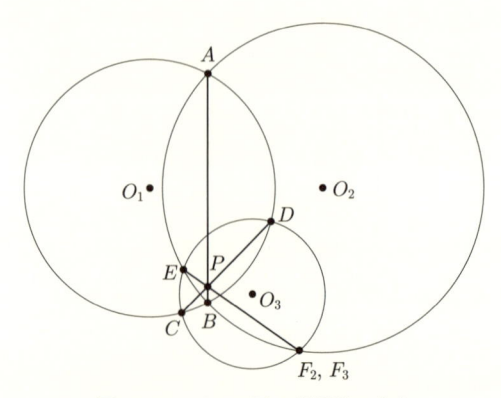

図 4-12　三つの円の共通弦の交点

[証明]　3 つの円をそれぞれ O_1, O_2, O_3 とし，円 O_1, O_2 の交点を通

る共通弦を AB, 円 O_1, O_3 の交点を通る共通弦を CD とする．AB, CD の交点を P とし，円 O_2, O_3 の交点の 1 つを E として，直線 EP が円 O_2 と交わる点を F_2, 円 O_3 と交わる点を F_3 とする．

円 O_2 に方べきの定理を用いて

$$AP \cdot BP = EP \cdot F_2 P$$

同様に，円 O_3 に方べきの定理を用いて

$$CP \cdot DP = EP \cdot F_3 P$$

ところが，円 O_1 に方べきの定理を用いると

$$AP \cdot BP = CP \cdot DP$$

だから，

$$EP \cdot F_2 P = EP \cdot F_3 P$$

F_2, F_3 は EP の延長上にあるから，$F_2 = F_3$ となり，この点 F は円 O_2, O_3 の交点と一致する． □

注）方べきの定理は次の定理である．

定理 4.4　方べきの定理

円 O と円上にない点 P が与えられている．P から円に引いた 2 本の割線を PAB, PCD とすると，

$$PA \cdot PB = PC \cdot PD$$

である．とくに，1 つの割線が円の接線 PC の場合，

$$PA \cdot PB = PC^2$$

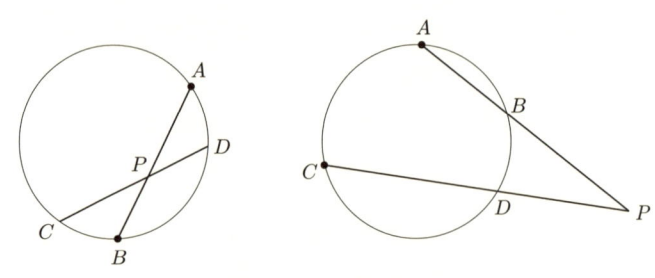

図 4-13　方べきの定理

（証明は参考文献 [8] を参照）．

以上の準備の下で，最後に次の問題を考えよう．

問題 4.7　中心と半径が与えられている見えない 2 つの円 O_1, O_2 の交点 P, Q を求めよ．

✍ **作図**

1. 円 O_1, O_2 上の点 A, B を求める．

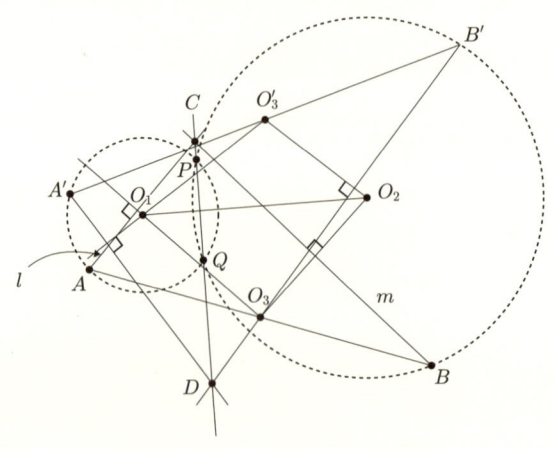

図 4-14　二つの虚円の交点の作図

2. 線分 AB の中点 O_3 を求める.
3. 線分 O_1O_3 に点 A から垂線 l を下ろし,同様に線分 O_2O_3 に点 B から垂線 m を下ろす.
4. 直線 l, m の交点を C とする.
5. 同様に,円 O_1, O_2 上の点 A', B' に対して同じ手順をくり返し,点 D を求める.
6. 直線 CD は 2 円 O_1, O_2 の交点を通る直線である.
7. したがって,問題 4.6 を用いて直線 CD と円 $O_1(O_2)$ との交点 P, Q を求めれば,これが求める 2 円 O_1, O_2 の交点である.

[証明] O_3 を中心とし,半径 $O_3A(=O_3B)$ の虚円を O_3 とする.交わる 2 円 O_1, O_3 に対して,その中心を結ぶ直線は共通弦の垂直 2 等分線である.

したがって,点 A から O_1O_3 に下ろした垂線 l は 2 円 O_1, O_3 の共通弦である.同様に,点 B から O_2O_3 に下ろした垂線 m は 2 円 O_2, O_3 の共通弦だから,前の定理により,直線 l, m の交点 C は 2 円 O_1, O_2 の共通弦上にある.

同様に点 D も 2 円 O_1, O_2 の共通弦上にある.

したがって直線 CD は 2 円 O_1, O_2 の共通弦を含み,2 円の交点 P, Q を通る. □

以上により,平面上に定円 O とその中心が与えられていれば,定規だけを用いて見えない円と直線の交点,見えない 2 つの円の交点を求めることができる.

定規とコンパスによる作図は 2 直線の交点,円と直線の交点,円と円の交点を求める作図に帰着する.したがって,次の定理が成り立つ.

定理 4.5 シュタイナーの定理

平面上に定円とその中心が与えられているとき，定規とコンパスで可能な作図はすべて定規のみで作図できる．

注）この定理より，任意の作図において，コンパスは定円を1つ描くために高々1回用いればよいこともわかる．

🍂 シュタイナーの作図

与えられた定円と定規のみを用いる作図をいくつか紹介しよう．

問題 4.8 定規のみで正方形 $ABCD$ の辺の中点を求めよ．

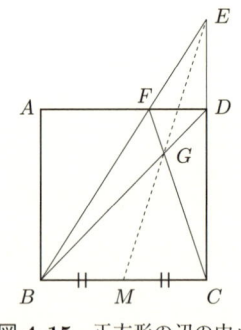

図 4-15 正方形の辺の中点

ここまでくればこの作図は容易である．

✐ 作図

1. 線分 CD を延長して，その上に任意の点 E をとる．
2. 線分 BE と辺 AD との交点を F とする．
3. CF, BD の交点を G とし，線分 EG の延長が辺 BC と交わる点を M とすれば，点 M は辺 BC の中点である．

[証明] $\triangle EBC$ にチェバの定理を使えば，
$$\frac{EF}{FB}\cdot\frac{BM}{MC}\cdot\frac{CD}{DE}=1$$
であるが，$AD//BC$ より，$\dfrac{EF}{FB}=\dfrac{ED}{DC}$ だから，
$$\frac{BM}{MC}=1$$
となり，$BM=CM$ である． □

この証明を見れば，与えられるのは正方形である必要はなく，平行2直線であればよいことがわかる．したがって，この問題は前にあげた，任意の線分の中点を求める問題と同じである（この問題は以前，あるテレビ番組で取り上げられたことがあったらしい）．この問題では定円が与えられている必要はなく，正方形が与えられていればよい．

問題 4.9 定規のみで，与えられた AB を1辺とする正三角形を作図せよ（定円 O は与えられているものとする）．

いままでの結果を使えば作図できることは明らかだが，もう少し簡単に作図できないだろうか，というのが問題である．定円の中に $60°$ を作りそれを平行移動することを考える．定円を O とし，与えられた線分を AB とする．

✍ 作図
1. 定円 O を用いて線分 AB の中点 M を作図する．
2. 点 M を用いて，線分 AB に平行な定円 O の直径 PQ を作図する．
3. 線分 OP, OQ の中点 R, S を作図する．

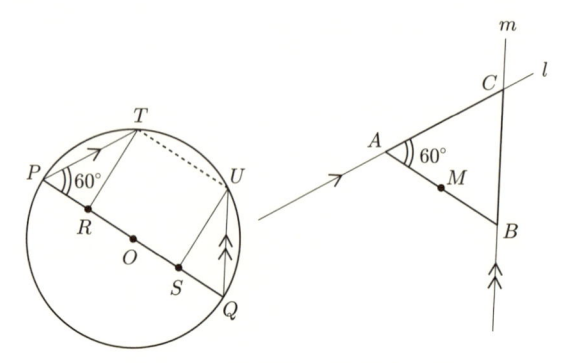

図 4-16 定規のみの正三角形の作図

4. R, S で線分 PQ に垂線を立て（これが定規のみで作図できることは前に示した）円 O との交点を T, U とする．
5. 線分 PT の中点を作図し，それを用いて点 A を通り，線分 PT に平行な直線 l を引く．同様に，点 B を通り線分 QU に平行な直線 m を引く．
6. 直線 l, m の交点を C とすれば $\triangle ABC$ が求める正三角形である．

証明は $\angle TPR = \angle UQS = 60°$ になることから明らかである．

この証明を見ると，与えられた線分を 1 辺としない正三角形，正六角形なら定円 O に内接する形で定規のみで作図できることがわかる．

第5章

作図と代数

　以後の章ではふたたび，コンパスと定規を用いる作図について考察する．

　作図問題を考えるとき，作図したい長さを代数的に表して，その長さがコンパス，定規で作図できるかどうかを考えることが有効な場合がある．たとえば，ある正方形の2倍の面積を持つ正方形（の1辺）が作図できるかどうかは，最初の正方形の1辺を1とすれば，求める正方形の面積は2だから，その1辺は$\sqrt{2}$となり，この問題は$\sqrt{2}$（という長さ）が作図できるかどうかという問題に帰着する．

　この章では，どのような長さの線分が作図できるかを考えよう．

5.1 線分の四則

与えられた線分に対して，その和，差，積，商の長さを持つ線分を作図することを考える．

🍀 線分の和と差

長さ a, b の線分が与えられたとき，長さ $a+b, a-b$ の線分を作図する．ただし $a > b$ としておこう．

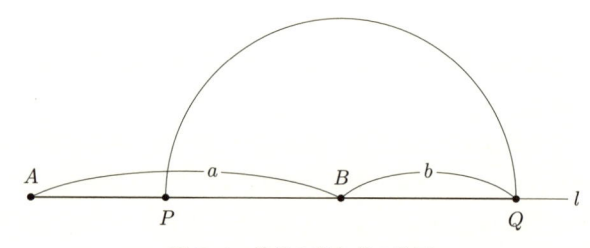

図 5-1 線分の和と差の作図

✎ 作図

1. 長さ a の線分を AB とし，AB を延長した直線を l とする．
2. 点 B を中心とし，半径 b の円を描き，直線 l との交点を P, Q とすれば，$AQ = a+b, AP = a-b$．

🍀 線分の積と商

長さ a, b の線分が与えられたとき，長さ $a \times b, a \div b$ の線分を作図する．

線分の足し算と引き算の作図はほぼ自明だが，かけ算と割り算の作図は少し考える必要がある．この場合は比例を使う．

最初に線分の積を考える．ここで大切なのは，線分の長さが a として測れるのだから，単位の長さ 1 がわかっている必要があることである．長さは**連続量**（数えることができない量）なので，単位の設定をしておかなければ測れない．したがって，この作図では長さ 1 は与えられていると考える．

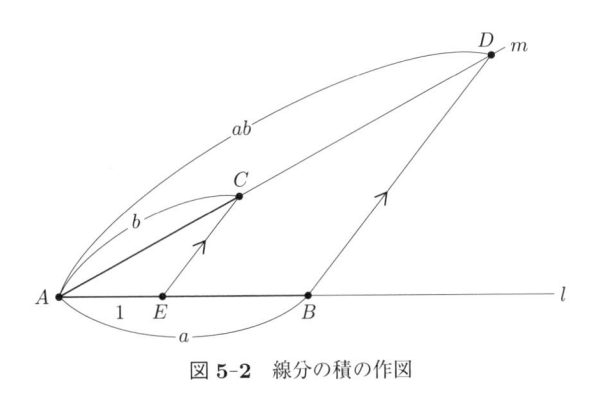

図 5-2 線分の積の作図

✐ 作図

1. 長さ a の線分を AB とし，AB を延長した直線を l とする．
2. l 上に $AE = 1$ となる点 E をとる（$AE = 1$ となる点を**単位点**と呼ぶことにする）．
3. 点 A を通る（l と異なる）任意の直線 m を引く．
4. m 上に $AC = b$ となる点 C をとる（点 A を中心とし，半径 b の円を描き，m との交点を C とする，という作図を以下このように表現する）．
5. 点 B を通り線分 EC に平行な直線をひき，m との交点を D とすれば，AD が求める，長さ ab の線分である．

[証明] 作図より，$\triangle AEC \infty \triangle ABD$ である．したがって，$AE:AC = AB:AD$，すなわち，AD の長さを x とすれば，

$$1:b = a:x$$

よって，$x = ab$ である．
同様にして，線分の商も求まる．　　　□

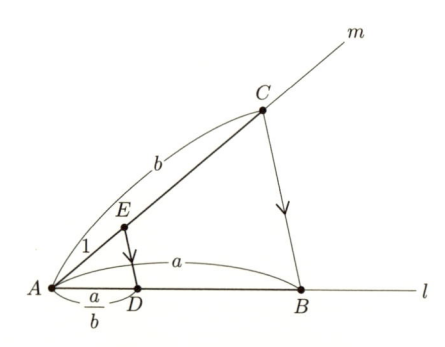

図 5-3　線分の商の作図

✍ 作図
1. 長さ a の線分を AB とし，AB を延長した直線を l とする．
2. 点 A を通る（l と異なる）任意の直線 m を引く．
3. m 上に単位点 E と $AC = b$ となる点 C をとる．
4. 単位点 E を通り線分 BC に平行な直線をひき，l との交点を D とすれば，AD が求める長さ $\dfrac{a}{b}$ の線分である．

[証明] 作図より，$\triangle ADE \infty \triangle ABC$ である．したがって，$AD:AE = AB:AC$，すなわち，AD の長さを x とすれば，

$$x:1 = a:b$$

よって，$x = \dfrac{a}{b}$ である．　　　□

以上で，線分の四則計算ができることがわかる．すなわち，単位 1 は与えられたものとし，任意の有理数の長さをもつ線分がコンパスと定規で作図できる．

5.2 線分の開平

次に線分の平方根をとる演算を考えよう．無理数の長さが作図できることは，正方形の対角線を考えれば明らかであり，一般に正整数 n に対して，$\sqrt{n}$ の長さが作図できることは次の図からわかる．

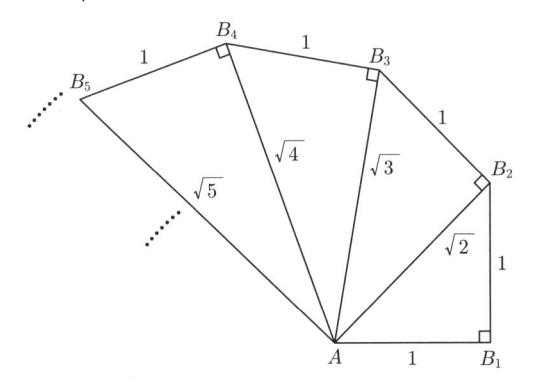

図 5-4 $\sqrt{n}$ の作図

AB_1 を長さ 1 の線分とし，点 B_1 で線分 AB_1 に垂直に立てた長さ 1 の線分を B_1B_2 とする．ピタゴラスの定理より，

$$AB_2 = \sqrt{2}$$

同様に，点 B_2 で線分 AB_2 に垂直に立てた長さ 1 の線分を B_2B_3 とすれば，$AB_3 = \sqrt{3}$ である．以下同様にして $\sqrt{n}$ を作図することができる．

では，長さ a が与えられたとき，$\sqrt{a}$ を作図する方法を考えよう．

問題 5.1 長さ a が与えられたとき，長さ $\sqrt{a}$ の線分を作図せよ．

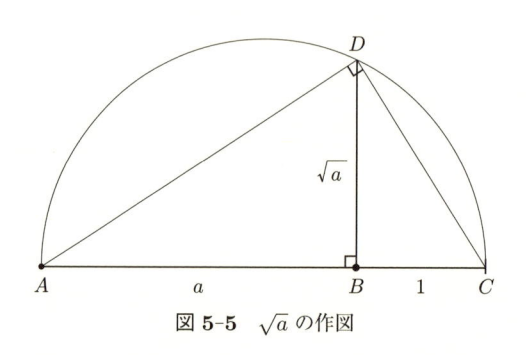

図 5-5 $\sqrt{a}$ の作図

✎ 作図

1. 長さ a の線分を AB とし，その延長上に $BC = 1$ となる点 C をとる．
2. 線分 AC を直径とする半円 ABC を描く．
3. 点 B で線分 AC に立てた垂線と半円 ABC との交点を D とすれば，

$$BD = \sqrt{a}$$

[証明] 直径上の円周角は直角だから，$\triangle ABD \backsim \triangle DBC$ である．したがって，BD の長さを x とすれば，

$$a : x = x : 1$$

すなわち，$x^2 = a$ となり，$x = \sqrt{a}$ である． □

ここで，定規とコンパスによる作図をもう一度振り返ってみよう．

作図とは直線と直線，直線と円，円と円の交点を順に求めて，ある図形を作る行為である．ところで，座標平面上では直線は1次方程式，円は2次方程式で表される．したがって作図を代数的に見ると，定規とコンパスによる作図とは，連立1次方程式か連立2次方程式を解き，交点の座標を求めることに他ならない．これらの方程式の解は係数の四則演算と開平だけで求めることができる．

一方，上で調べたとおり，与えられた長さの四則演算と開平は定規とコンパスで作図することができる．したがって，次の定理がなりたつ．

定理 5.1

ある図形が定規とコンパスで作図できるための必要十分条件は，その図形の中の長さが，与えられた長さから，四則演算と開平によって作れることである．

5.3　計算による作図

ではここまでの結果を用いて，具体的な作図問題について考えてみよう．

問題 5.2　与えられた三角形の面積を辺に平行な直線で2等分せよ．

三角形の面積を等分する問題はいろいろと考えられる．たとえば，三角形の中線はその面積を 2 等分する．

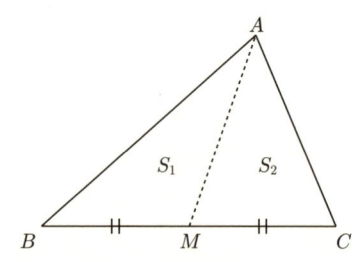

図 5-6　三角形の中線が面積を 2 等分するの図

これと等積変形を組み合わせると，$\triangle ABC$ の辺 BC 上の点 P を通り，面積を 2 等分する直線が求まる．

問題 5.3　$\triangle ABC$ の辺上の点 P を通り，面積を 2 等分する直線を作図せよ．

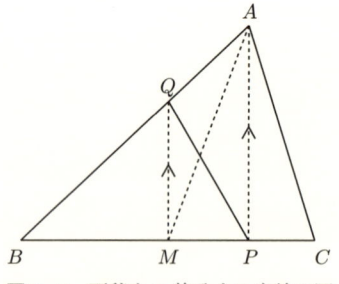

図 5-7　面積を 2 等分する直線の図

✍ 作図

1. 辺 BC の中点を M とする．
2. M を通って AP に平行な直線をひき，AB との交点を Q とすれば，線分 PQ は $\triangle ABC$ の面積を 2 等分する．

[証明]　$\triangle QMP$ と $\triangle QMA$ は等積変形で等積だから

$$\triangle QBP = \triangle QBM + \triangle QMP$$
$$= \triangle QBM + \triangle QMA$$
$$= \triangle ABM$$
$$= \frac{1}{2}\triangle ABC$$
　　　　　　　　　　　　　　　　　　　　　　□

では，問題 5.2 の場合を考えよう．もう一度問題を述べておく．平行な辺を BC としておこう．

問題 5.2　$\triangle ABC$ の面積を辺 BC に並行な直線で 2 等分せよ．

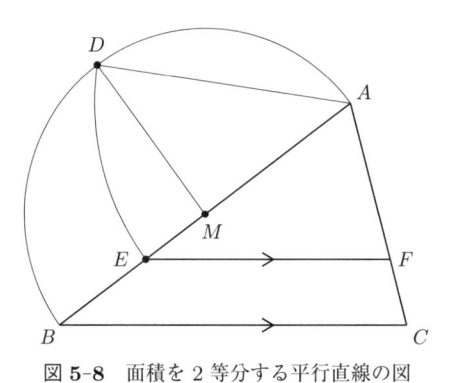

図 5-8　面積を 2 等分する平行直線の図

🖱 **解析**

条件を満たす平行線 EF が引けたとする．このとき，

$$\triangle ABC \backsim \triangle AEF$$

で面積比は $2:1$ である．したがって相似比は $\sqrt{2}:1$ となるから，$AB:AE = \sqrt{2}:1$ となり，

$$AE = \frac{1}{\sqrt{2}}AB = \frac{\sqrt{2}}{2}AB$$

以上より次の作図を得る．

作図

1. 辺 AB の中点 M を求める．
2. 点 M を中心とし，半径 MA の円を描く．
3. 点 M で AB に立てた垂線と円2との交点を D とする．
4. 点 A を中心とし，半径 AD の円が AB と交わる点を E とする．
5. 点 E を通り，BC に平行な直線 EF を引けば，EF が求める $\triangle ABC$ の面積を2等分し，辺 BC に平行な直線である．

証明は解析より明らかである．

では，3等分はどうだろうか．

問題 5.4 $\triangle ABC$ の面積を辺 BC に平行な直線で3等分せよ．

問題5.3と同様に今度は $\dfrac{\sqrt{3}}{3}$ の長さが作図できればよい．

作図

1. 辺 AB の中点 M を求める．
2. 点 M を中心とし，半径 MA の円を描く．
3. 点 M で AB に立てた垂線と円2との交点を D とする．
4. 点 D で AD に長さ DM の垂線 DE を立てる．

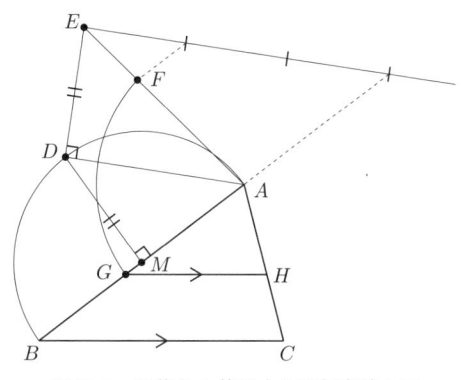

図 5-9 面積を 3 等分する平行直線の図

5. 線分 AE の 3 等分点のうち，E に近い方の点を F とする.
6. 点 A を中心とし，半径 AF の円が AB と交わる点を G とする.
7. 点 G を通り，BC に平行な直線 GH を引けば，GH が求める △ABC の面積を 3 等分し，辺 BC に平行な直線である.

$\sqrt{n}$ の作図と問題 5.3 の作図を組み合わせれば，$AG = \dfrac{\sqrt{3}}{3} AB$ だから証明は明らかである.

では，もう 1 本の 3 等分線はどうか．そのために次の問題を使う.

問題 5.5　台形 $ABCD$ の面積を辺 BC に平行な直線で 2 等分せよ.

三角形の場合と似たような問題だが，今度はもう少し考察が必要である．三角形の場合，底辺に平行な直線は元の三角形と相似な三角形を切り取るが，台形の場合，辺に平行な直線で切っても，相似形にはならない．そこで，相似な三角形をつくり，その面積比が相似比の 2 乗となることを使う．

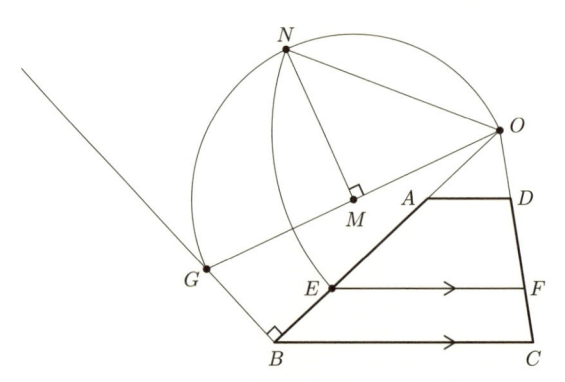

図 5-10 台形の面積を 2 等分する平行直線の図

📖 **解析**

求める台形の面積を 2 等分する，辺 BC に平行な線分を EF とする．BA と CD を延長してその交点を O とし，$OA = x$, $OE = y$, $OB = z$ とすれば，

$$\triangle OAD \backsim \triangle OEF \backsim \triangle OBC$$

で，相似比はそれぞれ $x : y$, $y : z$ である．

2 等分の条件より

$$\triangle OEF - \triangle OAD = \triangle OBC - \triangle OEF$$

いま，$\triangle OAD$ の面積を S とすれば，面積比は相似比の 2 乗だから

$$S : \triangle OEF = x^2 : y^2, \quad S : \triangle OBC = x^2 : z^2$$

よって，

$$\triangle OEF - \triangle OAD = \frac{y^2}{x^2}S - S, \quad \triangle OBC - \triangle OEF = \frac{z^2}{x^2}S - \frac{y^2}{x^2}S$$

よって $\triangle OEF - \triangle OAD = \triangle OBC - \triangle OEF$ より，

$$\frac{y^2}{x^2}S - S = \frac{z^2}{x^2}S - \frac{y^2}{x^2}S$$

これを y について解けば

$$y = \sqrt{\frac{x^2 + z^2}{2}}$$

これより次の作図を得る.

✎ 作図

1. 線分 BA と線分 CD の延長の交点を O とする.
2. 点 B で直線 BO に直交し, $BG = OA$ となる線分 BG を求める.
3. 線分 OG の中点を M とし, 点 M を中心として, 半径 MO の円を描く.
4. 点 M で OG に直交する直線と円 3 の交点を N とする.
5. 点 O を中心とする半径 ON の円と, OB との交点を E とする.
6. 点 E を通り BC に平行な直線 EF を引けば, 線分 EF が求める台形の面積を 2 等分する直線である.

証明は解析で調べたとおりである.

📚 吟味

BA, CD の交点が存在しないときは台形 $ABCD$ は平行四辺形(長方形)だから, 辺 AB, CD の中点 E, F を取ればよい.

問題 5.5 を用いると $\triangle ABC$ のもう 1 本の 3 等分線が引ける.

5.4 2次方程式の解の作図

2次方程式の正の解を作図で求めることを考察する．簡単のため，2次方程式の x^2 の係数は1とし，方程式を

$$x^2 + ax + b = 0$$

とする．a, b が共に正数の場合はこの方程式は正の解を持たないので，a, b の少なくとも一方が負の数の場合を考えよう．表現を容易にするため a, b は常に正の数を表すとし，前につける符号で正，負を区別する．

(1) $x^2 - ax + b = 0$ の場合

最初に補助として $\sqrt{b}$ の長さを作図しておく．

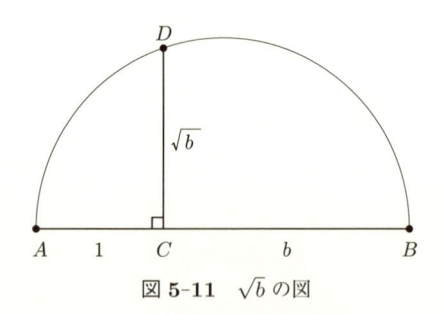

図 5-11 $\sqrt{b}$ の図

方程式を変形すると $b = x(a-x)$ となるので，これを満たす長さ x の作図を考える．

✎ **作図**

1. $AB = a$ を直径とする円 O を描く．
2. AB に並行で AB からの距離が $\sqrt{b}$ である直線 l を引く．
3. l と円1との交点を C, D とする．
4. 点 C, D から AB に下ろした垂線の足を E, F とすれば，
    $\alpha = AE, \beta = AF$ が求める解（の長さ）である．

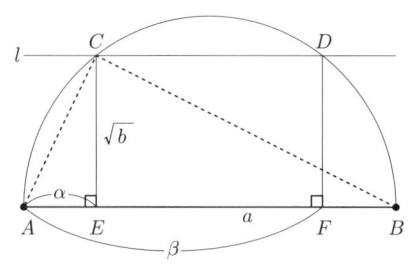

図 5-12　$x^2 - ax + b = 0$ の解

[証明]　直径上の円周角は直角だから，$\triangle CAE \backsim \triangle BCE$ である．したがって，

$$AE : EC = CE : EB$$

すなわち

$$\alpha : \sqrt{b} = \sqrt{b} : a - \alpha$$

となり，α は方程式 $b = x(a-x)$ の解である．β についても同様である． □

吟味

平行線 l が半円 AOB と交わらない場合，正の解は存在しない．すなわち，$\sqrt{b} > \dfrac{a}{2}$ の場合は正の解は存在しない．この式は整理すれば，

$$a^2 - 4b < 0$$

となり，2次方程式の判別式が負の場合と一致する．この場合，解は複素数なので実数の長さの線分としては確かに作図不能となるが，別の見方をすれば複素平面上には作図可能である．それは後で考えよう．

(2) $x^2 + ax - b = 0$ の場合

同様に，$b = x(a+x)$ を満たす x の作図を考える．この場合は方べきの定理を使うのが簡明である．

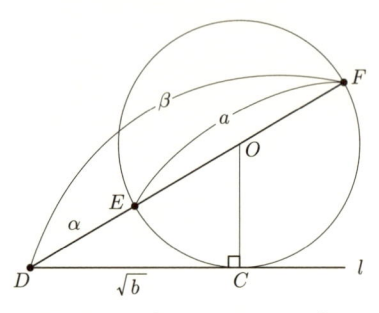

図 5-13 $x^2 + ax - b = 0$ の解

✎ **作図**

1. a を直径とする円 O を描く．
2. 円 1 上の任意の点を C とし，C で半径 OC に直交する直線 l を引く．
3. l 上に $CD = \sqrt{b}$ となる点 D を取る．
4. 直線 DO が円 1 と交わる点を E, F とすれば，$DE = \alpha, DF = -\beta$ が求める解（の長さ）である．

証明は方べきの定理より明らかであり，この場合，判別式は $a^2 + 4b > 0$ で，1 つの解は必ず負になるので，正の解と負の解を 1 つずつ持つ．

(3) $x^2 - ax - b = 0$ の場合

同様に $b = x(x-a)$ の作図を考える．

この場合も方べきの定理を使えば，今度は 2 と同じ作図を用いて，$DF = \beta, DE = -\alpha$ が求める解（の長さ）である．今度も

$\sqrt{a^2+4b} > a$ だから，正の解と負の解を 1 つずつ持つ．

(2), (3) の場合，負の解は，x に $-x$ を代入した方程式の正の解を求め，それに負号をつけたものである．

5.5 虚数 i の作図について

2 次方程式の解の作図について，解が負の数や複素数になる場合はそのままでは作図ができなかった．しかし，少し視点を変えると，複素数は複素平面上に作図できる．そのために，線分に向きをつけ，ある方向を正の方向としたときは，逆向きの線分を負の線分と考えることにする．この場合は，線分の長さではなく，線分の端点の位置が作図できると考えるとよい．負の線分をこう解釈したとき，$x^2 = -1$ を満たす x を作図することができる．

✐ **作図**

複素平面上の原点を A とする.
1. 長さ 1 の実軸上の線分を AB とし，AB の反対方向に同じく長さ 1 の線分 CA をとり，点 C の位置を -1 と考える．
2. 点 A を中心とし，半径 AB の半円を描く．
3. A で CB に立てた垂線と半円 2 との交点を D とすれば，点 D の位置が虚数 i を表す．

直線 CAB 上では点 A を原点と考えて，B が 1 の位置を，C が -1 の位置を表すと考えよう．符号を考えるのはこの直線の上だけで，あとは符号を無視する．このとき，

図 5-14 $x^2 = -1$ の解

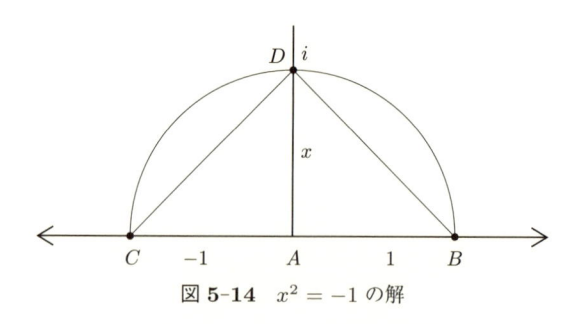

$$\triangle ABD \backsim \triangle ADC$$

より，AD の端点 D で表される数を x とすれば

$$1 : x = x : (-1)$$

となり，$x^2 = -1$ である．

この作図は長さ $a > 0$ の線分に対して $\sqrt{a}$ を作図する方法を形式的に -1 の平方根の作図に当てはめたもので，負数の平方根の 1 つの解釈と考えよう．これがいわゆる複素平面の虚数の表示と同じになっていることも注意しておく．

以上の解釈のもとで，複素数 $a + bi$ を複素平面上に表示できる．このとき，コンパスと定規で作図できる複素数がある．

問題 5.6 $x^3 = 1$ の解を複素平面上で作図せよ．

$$x^3 - 1 = (x-1)(x^2 + x + 1) = 0$$

より，この方程式の解は $x = 1$ と $x^2 + x + 1 = 0$ の解である．この 2 次方程式を実際に解けば

$$x = \frac{-1 \pm \sqrt{-3}}{2} = -\frac{1}{2} \pm \frac{\sqrt{3}}{2}i$$

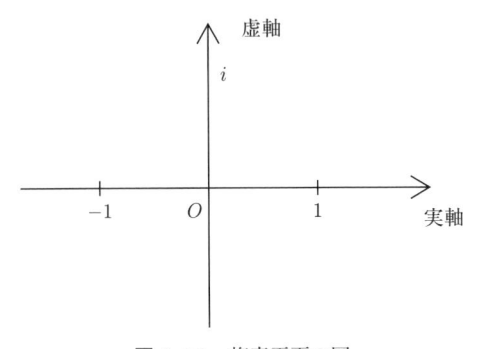

図 5-15 複素平面の図

となる．ここで，複素平面上で考えると，この解は，実軸上 $-\dfrac{1}{2}$ の上に立てた垂線を i 方向に $\pm\dfrac{\sqrt{3}}{2}$ だけ進んだ点になる．したがって $-\dfrac{1}{2}$ で実軸に立てた垂線と原点を中心とする半径 1 の円の交点を P, Q とすれば，P, Q が求める解である．

複素数として考えると，$x^3 = 1$ の解の 1 つである P は，絶対値が 1 で偏角 θ が $3\theta = 360°$ となる複素数である．したがって 3 点 $1, P, Q$ は正三角形の 3 つの頂点となる．

同様にして，正五角形の頂点は複素平面上では方程式 $x^5 = 1$ を満たす複素数となる．この方程式は次のようにして解くことができる．

$x^5 - 1 = (x-1)(x^4 + x^3 + x^2 + x + 1) = 0$ より，方程式 $x^4 + x^3 + x^2 + x + 1 = 0$ を解けばよい．$x \neq 0$ だから，x^2 で割ると，

$$x^2 + x + 1 + \frac{1}{x} + \frac{1}{x^2} = 0$$

となる．

ここで，$x + \dfrac{1}{x} = t$ とおけば，$x^2 + \dfrac{1}{x^2} = t^2 - 2$ となり，元の方程式は

図 5-16　$x^3 = 1$ の解

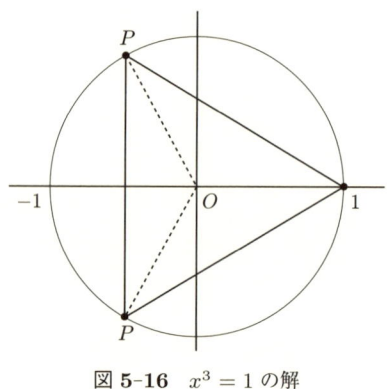

$$t^2 + t - 1 = 0$$

となる．これを解いて $t = \dfrac{-1 \pm \sqrt{5}}{2}$ となる．

つぎに，$x + \dfrac{1}{x} = t$，すなわち $x^2 - tx + 1 = 0$ を解いて

$$x = \dfrac{t \pm \sqrt{t^2 - 4}}{2}$$

ここに t の値を代入して整理すれば

$$x = \dfrac{-1 \pm \sqrt{5}}{4} \pm \dfrac{\sqrt{10 \pm 2\sqrt{5}}}{4} i$$

となり，この値は四則と平方根演算だけでできているから，確かに作図可能である（実部の複号と虚部の $\sqrt{}$ 内の複号は同順）．

第6章

作図不能問題

　作図ができないということを数学的にどうやって証明したらいいのだろうか．定規とコンパスを普通に使用したのでは角の三等分が作図できないことはよく知られている．ここでいう「作図できない」とは「難しくて作図するのは大変だ」という意味ではない．角の三等分は数学的に厳密な意味で「作図が不可能」であることが証明されているのである．この章では作図可能とはどういう意味なのかを考え，いわゆるギリシアの三大作図問題や正多角形の作図について考えてみる．

ワンツェル (Pierre Laurent Wantzel, 1814-1848)

6.1 ギリシアの三大作図問題

　ユークリッド（エウクレイデス）の『原論』は紀元前3世紀ごろに成立した，人類最古の数学書である．日本の歴史と照らし合わせてみると，おおよそ弥生時代が始まった頃にあたり，邪馬台国の卑弥呼の時代が西暦200年頃だから，それより500年くらいも前にこの数学書は完成していたのである．ここには人類の知恵が持ち得た最高の成果の1つがあるといってよい．『原論』は単なる幾何学書ではなく，当時の数学全体を体系的に記述した貴重な世界文化遺産である．

　最初に見たとおり，『原論』は定規，コンパスの使い方から始まる．その使用法は厳密に規定されていて，普通に使っている定規，コンパスは，その使用法が許容範囲にあることを示さなければ，使えなかった．このような「定規，コンパスで求める図形や長さが作図できるだろうか．」という問題が作図問題である．もちろん，三角定規やT定規，あるいは目盛り付き定規などを使えば，作図できる範囲は広がるし，円以外の曲線を用いて作図することも考えられる．しかし，ギリシアでは定規とコンパスによる作図にこだわったようである．そのために，ギリシアでは三大難問と呼ばれる問題が生まれた．それが次の3つである．

1　立方体倍積問題
2　角の三等分問題
3　円積問題

それぞれについて簡単に説明しよう．

立方体倍積問題

正方形が与えられたとき，その2倍の面積を持つ正方形は容易に作図できる．

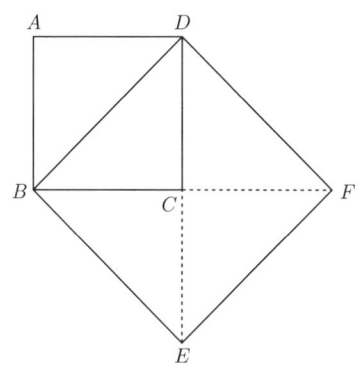

図 6-1 正方倍積問題の図

この問題の自然な拡張として，

「与えられた立方体の2倍の体積を持つ立方体（の1辺）を作図せよ」

という問題が考えられる．これを**立方体倍積問題**（立方倍積問題）という．

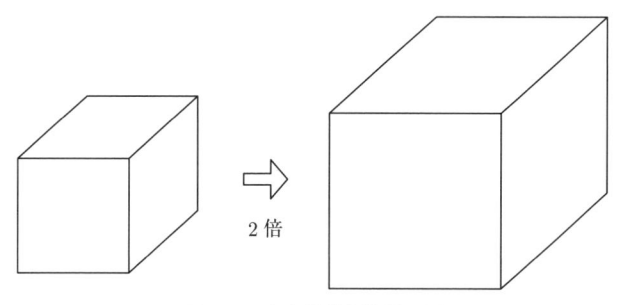

図 6-2 立方体倍積問題の図

立方体倍積問題は別名デロスの**問題**とも呼ばれている．これについては有名な逸話がある．デロス島（ギリシア）で疫病が流行したとき，それを鎮めるために神に伺いをたてたところ，立方体の形をした祭壇を，形は立方体のままで体積を2倍にせよ，という神託が下った．ところがこの2倍の体積を持つ立方体の辺を定規とコンパスでつくり出すことができなかったという．

この問題は $\sqrt[3]{2}$ が定規とコンパスで作図できるかという問題に帰着し，さらに $\sqrt[3]{2}$ の作図は，$1 : x = x : y = y : 2$ を満たす x, y の作図に帰着する．

角の三等分問題

これはとても有名な問題で，ある意味では悪名高き問題でもある．問題の意味は一般の人にもわかりやすく，「与えられた角の三等分線を定規とコンパスで作図せよ．」ということだから，中学生や高校生などでも容易に取り組めそうに思われる．

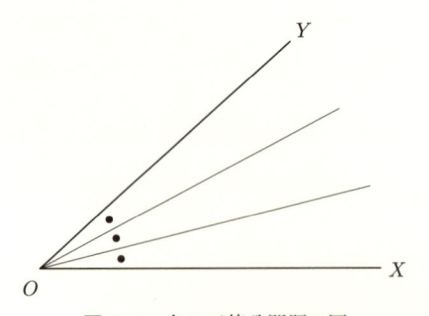

図 6-3　角の三等分問題の図

問題を正確に理解しておこう．まず，使える道具は定規とコンパスのみである．また，その使用法は厳密に限られている．たとえば，目盛りのある定規や三角定規，分度器などを使えば，角は容易に三等分されるが，これはルール違反である．

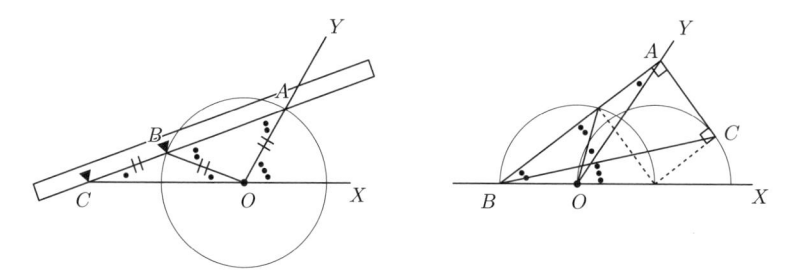

図 6-4　目盛り定規 (1), 三角定規 (2) を用いた角の三等分の図

普通の定規には目盛りが付いているから，実用的にはこれで十分である．したがって，角の三等分問題も一種のパズルとして考えた方がよい．また，立方体倍積問題と同様に，円以外の曲線を用いても角の三等分ができる．

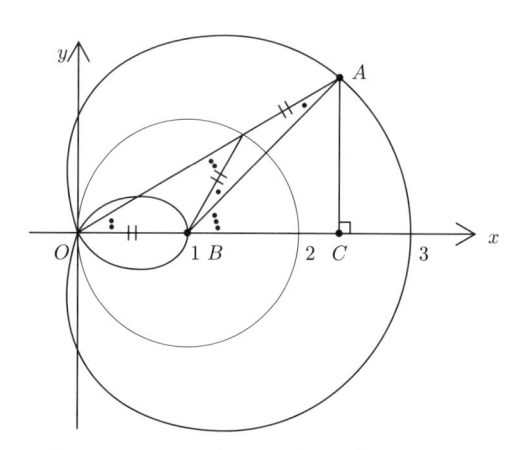

図 6-5　リマソンを用いた角の三等分問題の図

角の三等分問題はすべての角が定規とコンパスでは三等分できないということではない．たとえば直角は定規とコンパスで容易に三等分できる．したがって $45°$ なども三等分できる．

最初に見たように，任意の角は定規とコンパスで二等分できる．また線分は n 等分できる．これをもとに角の n 等分問題が考えられたのかも知れない．

参考文献 [8] ではリンク機構を用いた機械的な角の三等分の方法がいくつか紹介されている．同書から1つ引用する．

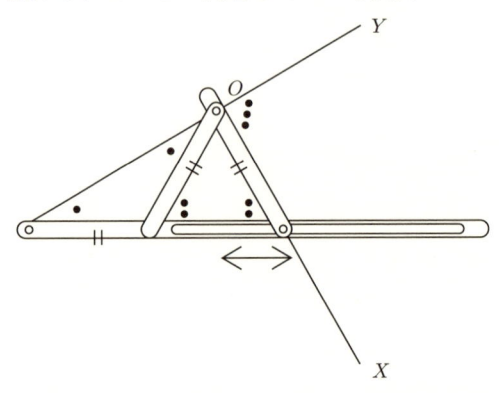

図 6-6 リンク機構を用いた角の三等分問題の図

円積問題

ギリシア三大難問の最後は「円と同じ面積を持つ正方形（の1辺）を作図せよ」という問題で**円積問題**という．円に含まれる正方形の辺を連続的に増やしていけば，正方形が円を含むようにできるから，このような正方形が存在することは，直感的には明らかである．しかし，その1辺を定規とコンパスのみで作図できるかとなると，これは難しい．

円弧で囲まれた図形の面積と同面積の正方形でも，その1辺が定規とコンパスで作図できるものがあることは，昔からヒポクラテスの月形として知られていた．

したがって，円と等面積の正方形が定規とコンパスで作図できるかどうかは意味のある問題だった．

以上の三大作図問題は19世紀になり，すべて定規とコンパスでは作図できないことが証明された．これを順に説明していこう．

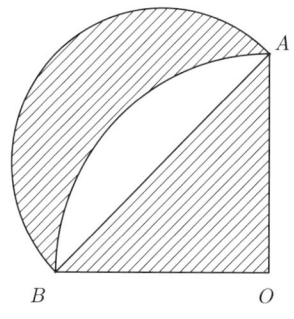

図 6-7　ヒポクラテスの月形の図

6.2　作図と数の拡大

　すでに見てきたように，定規をコンパスを用いて与えられた長さの四則演算（で表現できる長さを持つ線分）が作図できた．また，与えられた長さの平方根も作図できた．

　ここでもう一度定規とコンパスの使用を振り返ってみよう．

　定規とは直線を引く道具でコンパスとは円を描く道具である．したがって，作図は直線と直線，円と直線，円と円の交点を順に求める行為に他ならなかった．ところで，座標平面上では直線は1次方程式 $ax+by+c=0$ で与えられ，円は2次方程式 $(x-a)^2+(y-b)^2=r^2$ で与えられる．したがって，これらの交点を求めることは，高々連立2次方程式の解を求めることになる．2次方程式の解は四則演算と開平で求められる．すなわち，定規とコンパスで作図をするということは，代数的に見ると，与えられた長さ（の数）を係数に持つ高々連立2次方程式を解くことと同じであり，この解が定規とコンパスで作図できることはすでに見たとおりである．

　したがって次の定理が成り立つ．

定理 6.1

ある図が，与えられた長さから定規とコンパスで作図できるための必要十分条件は，作図に必要な長さが，与えられた長さから，有限回の四則演算と開平算の繰り返しで作れることである．

以下，この視点に立ち，作図ができるとはどういうことかを考察するが，議論の見通しを良くするため，与えられた長さの出発点を 1 としておく．すなわち，単位の長さ 1 が与えられたとしよう．

(1) 1 を n 回足すことによって，任意の正整数 n が作図できる．逆向きの線分を考えれば $-n$ も作図できる．

(2) 1 よりすべての有理数（負の場合は向きも考える）が作図できる．

有理数同士の四則演算はまた有理数になる．このように四則演算が（0 で割ることを除いて）自由にできる数の集まりを体という．

定義 6.2

数の集合 K において，その中で（0 で割ることを除いて）四則演算が自由にできるとき，K を体という

すなわち，有理数の全体は有理数体という体をつくる．これを記号 $\mathbb{Q}$ で表す．

$$\mathbb{Q} = \{x : x \text{ は有理数}\}$$

いま a_1 を $\sqrt{a_1} \notin \mathbb{Q}$ となる有理数とし，

$$\{x + y\sqrt{a_1} : x, y \text{ は有理数}\}$$

という数の集まりを考える．この集合では四則演算が自由にできる

ことを示そう．したがって，この数の集合は体となる．

[証明]　$\alpha = x_1 + y_1\sqrt{a_1}, \beta = x_2 + y_2\sqrt{a_1}$ とする．

$$\alpha \pm \beta = (x_1 + y_1\sqrt{a_1}) \pm (x_2 + y_2\sqrt{a_1})$$
$$= (x_1 \pm x_2) + (y_1 \pm y_2)\sqrt{a_1}$$

で，$\mathbb{Q}$ は体だから，$x_1 \pm x_2, y_1 \pm y_2$ は $\mathbb{Q}$ の数である．

したがって

$$\alpha \pm \beta \in \{x + y\sqrt{a_1} : x, y \text{ は有理数}\}$$

$$\alpha\beta = (x_1 + y_1\sqrt{a_1})(x_2 + y_2\sqrt{a_1})$$
$$= (x_1x_2 + y_1y_2a_1) + (x_1y_2 + x_2y_1)\sqrt{a_1}$$

で，同様に $x_1x_2 + y_1y_2a_1$，$x_1y_2 + x_2y_1$ はすべて $\mathbb{Q}$ の数となるから

$$\alpha\beta \in \{x + y\sqrt{a_1} : x, y \text{ は有理数}\}$$

最後に

$$\frac{\alpha}{\beta} = \frac{x_1 + y_1\sqrt{a_1}}{x_2 + y_2\sqrt{a_1}}$$
$$= \frac{(x_1 + y_1\sqrt{a_1})(x_2 - y_2\sqrt{a_1})}{(x_2 + y_2\sqrt{a_1})(x_2 - y_2\sqrt{a_1})}$$
$$= \frac{(x_1x_2 - y_1y_2a_1) + (x_2y_1 - x_1y_2)\sqrt{a_1}}{x_2^2 - y_2^2 a_1}$$
$$= \frac{x_1x_2 - y_1y_2a_1}{x_2^2 - y_2^2 a_1} + \frac{x_2y_1 - x_1y_2}{x_2^2 - y_2^2 a_1}\sqrt{a_1}$$

$\dfrac{x_1x_2 - y_1y_2a_1}{x_2^2 - y_2^2 a_1}, \dfrac{x_2y_1 - x_1y_2}{x_2^2 - y_2^2 a_1}$ はすべて $\mathbb{Q}$ の数となるから，

$$\frac{\alpha}{\beta} \in \{x + y\sqrt{a_1} : x, y \text{ は有理数}\}$$

したがって，$\{x + y\sqrt{a_1} : x, y \text{ は有理数}\}$ は四則演算が自由にできる数の集まり，すなわち体となる．　□

この体を有理数体 $\mathbb{Q}$ に $\sqrt{a_1}$ を付け加えて作られた体（拡大体）といい，

$$\mathbb{Q}(\sqrt{a_1}) = \{x + y\sqrt{a_1} : x, y \text{ は有理数}\}$$

と書く．$y = 0$ の場合を考えると，

$$\mathbb{Q} \subset \mathbb{Q}(\sqrt{a_1})$$

で有理数はこの体の一部分である．

ここで，$\mathbb{Q}(\sqrt{a_1})$ を $\mathbb{Q}_1$ と書こう．

a_2 を $\mathbb{Q}_1$ の数とし $\sqrt{a_2} \notin \mathbb{Q}_1$ となる数とする．前とまったく同様に

$$\{x + y\sqrt{a_2} : x, y \text{ は } \mathbb{Q}_1 \text{ の数}\}$$

を作る．

$\mathbb{Q}_1$ が体となっていることを使うと，この数の全体は四則演算が自由にできる体となることがわかる．

この体を $\mathbb{Q}_1$ に $\sqrt{a_2}$ を付け加えて作られた体といい，

$$\mathbb{Q}_1(\sqrt{a_2}) = \{x + y\sqrt{a_1} : x, y \text{ は } \mathbb{Q}_1 \text{ の数}\}$$

と書く．

ここで，$\mathbb{Q}_1(\sqrt{a_2})$ を $\mathbb{Q}_2$ と書けば，拡大体の列

$$\mathbb{Q} \subset \mathbb{Q}_1 \subset \mathbb{Q}_2$$

が得られる．体 $\mathbb{Q}_2$ に入る数はすべて定規とコンパスで作図可能である．

以下，この $\sqrt{a_n}$ を付け加えて拡大体を作る操作を繰り返すと，次第に大きくなる拡大体の列

$$\mathbb{Q} \subset \mathbb{Q}_1 \subset \mathbb{Q}_2 \subset \cdots \subset \mathbb{Q}_n \subset \cdots$$

が得られる．この列を有理数の $\sqrt{}$ による拡大体の列という．

この列のどれかの体に入る数は定規とコンパスで作図可能となり，逆に定規とコンパスで作図できる数は四則と開平だけでつくられるから，作図可能な数は必ずこの列のどれかの体に入る．

定理 6.3

ある数（長さ）が定規とコンパスで作図可能である必要十分条件は，その数が有理数から始まる $\sqrt{}$ による拡大体の列のどれかに入ることである．

これが作図可能ということの代数的な意味である．たとえば，正五角形の 1 辺を 1 とすれば，正五角形は対角線の長さ $\dfrac{1}{2} + \dfrac{\sqrt{5}}{2}$ が作図できれば作図できる．この数は四則演算と開平のみでつくられる数なので，定規とコンパスで作図可能となる．つまり，正五角形は定規とコンパスで作図可能である．

以上の準備のもとで，ギリシアの三大問題を考えよう．

6.3 三大作図問題の作図不能性

🌱 (1) 立方体倍積問題

もう一度問題を述べておく．

問題 6.1 与えられた立方体の 2 倍の体積を持つ立方体（の 1 辺）を作図せよ．

最初の立方体の 1 辺を 1 とすれば，問題は体積が 2 の立方体の 1 辺が作図できるか，すなわち $\sqrt[3]{2}$ が定規とコンパスで作図できるかという問題になる．$\sqrt[3]{2}$ は方程式 $x^3 = 2$ の解だから，この方程式の解が作図できるかどうか，を考える．ここで 1 つ注意しておくと，$\sqrt[3]{2}$ は立方根だから作図できないと即断することはできないことである．平方根の複雑な組み合わせで立方根を表現できるかも知れない．そのために前節で考察した拡大体の理論を使う．

[証明] 証明は背理法による．

仮定：方程式 $x^3 = 2$ の解 α_1 が定規とコンパスで作図可能であるとする．

3 次方程式 $x^3 = 2$ の 3 つの解を $\alpha_1, \alpha_2, \alpha_3$ とすれば，α_1 が作図可能だから，$\alpha_1 \in \mathbb{Q}_n$ となる拡大体 $\mathbb{Q}_n$ がある．

したがって，α_1 は $\alpha_1 = x + y\sqrt{a_n}$ という形をしていて，x, y, a_n は $\mathbb{Q}_{n-1}$ に入り，$\sqrt{a_n}$ は $\mathbb{Q}_{n-1}$ に入らない．

ここで，α_1 は 3 次方程式 $x^3 - 2 = 0$ の解だから，

$$(x + y\sqrt{a_n})^3 - 2 = 0$$

これを展開すると，
$$(x^3 + 3xy^2 a_n - 2) + (3x^2 y + y^3 a_n)\sqrt{a_n} = 0$$
となる．ここで $3x^2 y + y^3 a_n \neq 0$ とすると，
$$\sqrt{a_n} = -\frac{x^3 + 3xy^2 a_n - 2}{3x^2 y + y^3 a_n}$$
となるが，右辺は $\mathbb{Q}_{n-1}$ の数で，左辺は $\mathbb{Q}_{n-1}$ の数ではないから矛盾．したがって，
$$x^3 + 3xy^2 a_n - 2 = 3x^2 y + y^3 a_n = 0$$

これを念頭に置いて，$x - y\sqrt{a_n}$ という数（α_1 の共役という）を作ると，
$$\begin{aligned}(x - y\sqrt{a_n})^3 - 2 &= x^3 - 3x^2 y\sqrt{a_n} + 3xy^2 a_n - y^3 a_n \sqrt{a_n} - 2 \\ &= (x^3 + 3xy^2 a_n - 2) - (3x^2 y + y^3 a_n)\sqrt{a_n} \\ &= 0\end{aligned}$$
となり，$x - y\sqrt{a_n}$ も $x^3 - 2 = 0$ の解の1つである．これを α_2 としよう．

このとき，3次方程式の解と係数の関係から，3つの解の和は x^2 の係数の逆符号だから，$x^3 - 2 = 0$ の場合は 0 である．

すなわち，
$$\begin{aligned}\alpha_1 + \alpha_2 + \alpha_3 &= (x + y\sqrt{a_n}) + (x - y\sqrt{a_n}) + \alpha_3 \\ &= 2x + \alpha_3 \\ &= 0\end{aligned}$$
したがって，
$$\alpha_3 = -2x \in \mathbb{Q}_{n-1}$$

つまり，この 3 次方程式の解が $\mathbb{Q}_n$ に入るなら，別の解が $\mathbb{Q}_{n-1}$ に入る．ところがこの解を改めて α_1 と置いて議論を繰り返すと，また別の解が $\mathbb{Q}_{n-2}$ に入ることになり，以下，議論を繰り返すと，この方程式の解が有理数体 $\mathbb{Q}$ に入ることになる．

すなわち方程式 $x^3 - 2 = 0$ は有理数の解を持つ．

その有理数の解を既約分数 $\dfrac{a}{b}$ とする．

したがって

$$\left(\dfrac{a}{b}\right)^3 - 2 = 0$$

分母を払えば

$$a^3 = 2b^3$$

したがって，a^3 は偶数だから，a は偶数である．$a = 2p$ とおくと，

$$8p^3 = 2b^3$$

すなわち，

$$4p^3 = b^3$$

となり，b も偶数となるが，これは $\dfrac{a}{b}$ の既約性に反する．

よって，方程式 $x^3 - 2 = 0$ は拡大体 $\mathbb{Q}_n$ の中に解を持たない．

すなわち，与えられた立方体の 2 倍の体積を持つ立方体（の 1 辺）は定規とコンパスでは作図できない． □

以上が立方倍積問題の作図不能性の証明である．ここで用いた，「ある方程式の解が作図可能と仮定すると，その解を含む拡大体 $\mathbb{Q}_n$ がある．そうするとそれ以前の拡大体 $\mathbb{Q}_{n-1}$ に含まれる解があり，したがってこれを繰り返して，有理数の解を持つことになる」という議論は次の角の三等分問題でも使われる．

(2) 角の三等分問題

与えられた角を定規とコンパスで三等分できるだろうか．この，ある意味では単純明快な問題は昔から数学者のみならず，多くの人を魅了してきたようだ．角の三等分線が存在することは直感的には明らかであり，中間値の定理を使えば厳密に証明できる．また，三等分線を具体的に求める方法もいろいろとある．しかし，求める方法を，定規とコンパスを規約に基づいて使うのみ，と厳密に規定したとき，存在が保障されている三等分線を具体的に求めることができるだろうか．これが角の三等分問題である．

この問題は数学的には完全に決着がついていて，定規とコンパスを規約通りに使ったのでは角の三等分線を求める（作図する）ことはできない．この事実は1837年にワンツェルによって証明された．

これを証明するために，角の三等分に必要な長さの方程式（角の三等分方程式）を作ろう．これには三角関数の3倍角公式を使うのが簡明である．

$\cos 3\theta = 4\cos^3\theta - 3\cos\theta$ の両辺を2倍しておき，

$$2\cos 3\theta = (2\cos\theta)^3 - 3 \cdot 2\cos\theta$$

とする．

このとき，角の三等分は $\cos 3\theta$ の値 a を与えて $x = 2\cos\theta$ の値を求めることに帰着し，方程式は

$$x^3 - 3x - 2a = 0$$

となる．この3次方程式を**角の三等分方程式**と呼ぶ．

ここではもう1つ，図形的に角の三等分方程式を求める方法を紹介する．

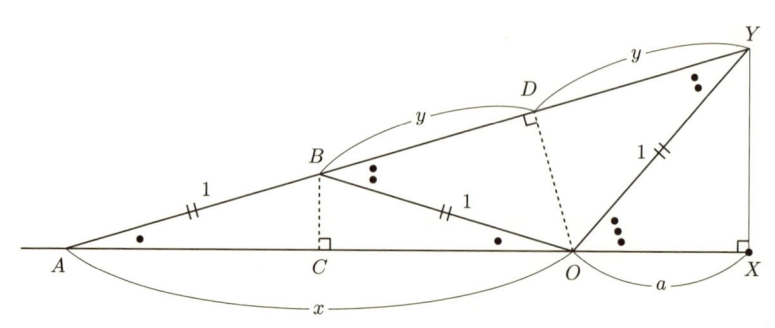

図 6-8　角の 3 等分方程式の図

$\angle XOY = 3\theta$ とし，OY の長さを 1，OX の長さを $a(a = \cos 3\theta)$ とする．このとき，図の AO の長さ x が作図できれば，$\angle XOY$ の $\frac{1}{3}$ である $\angle YAX$ が作図できる．逆に，角の三等分が作図可能なら，この図はいつでも作図できるから，長さ x が作図できることと，角の三等分が作図できることは同値である．

いま，図で $DY = y$ とすると，

$$\triangle ABC \backsim \triangle AOD \backsim \triangle AYX$$

より，

$$\frac{x/2}{1} = \frac{1+y}{x} = \frac{x+a}{1+2y}$$

これより

$$\frac{x^2}{2} = 1+y, \ a+x = \frac{x}{2}(1+2y)$$

となり，これを x について整理すれば角の三等分方程式

$$x^3 - 3x - 2a = 0$$

を得る．

では角 $60° = \frac{\pi}{3}$ が定規とコンパスでは三等分できないことを証明しよう．

[証明] このとき $a = \cos\dfrac{\pi}{3} = \dfrac{1}{2}$ だから，三等分方程式は

$$x^3 - 3x - 1 = 0$$

となる．

　この方程式の解が作図可能なら，立方倍積問題と同様に解を含む平方根による拡大体 $\mathbb{Q}_n$ がある．この解を $x + y\sqrt{a_n}$ とすると，$x - y\sqrt{a_n}$ も角の三等分方程式の解となり，解と係数の関係から，もう1つの解が $\mathbb{Q}_{n-1}$ に入ることになる．したがってこれを繰り返すと，結局角の三等分方程式も有理数の解 $\dfrac{a}{b}$（既約分数）を持たなくてはならない．よって，

$$\dfrac{a^3}{b^3} - \dfrac{3a}{b} - 1 = 0$$

となるが，分母を払えば

$$a^3 - 3ab^2 - b^3 = 0$$

すなわち，$a^3 = b^2(3a + b)$ である．

　よって，b は a の約数となり $\dfrac{a}{b}$ の既約性から，$b = \pm 1$ となる．すなわち，解 $\dfrac{a}{b}$ は整数であるが，方程式 $x^3 - 3x - 1 = 0$ は整数解を持たない．したがって，この方程式は拡大体 $\mathbb{Q}_n$ の中に解 x を持つことができず，x は定規とコンパスでは作図不可能である． □

　これで $60°$ は定規とコンパスでは三等分できないことがわかる．

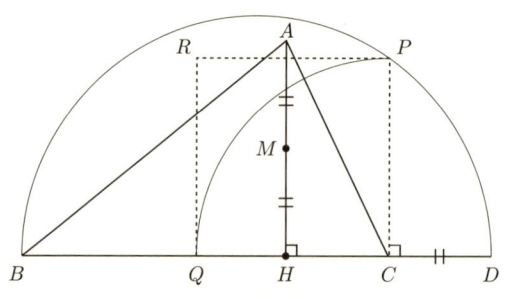

図 6-9　三角形と同面積の正方形の存在の図

🌱 (3) 円積問題

任意の多角形はすべて同面積の三角形に直すことができ，三角形と同面積の正方形を定規とコンパスで作図することは容易である．次に図のみ紹介するので，読者はその正方形の作図方法を考えてもらいたい．

また，前にヒポクラテスの月形で紹介したように，円弧で囲まれた図形の中にも，それと同面積の正方形を定規とコンパスで作図できるものがある．したがって，円と同面積の正方形が定規とコンパスで作図できるかどうか，を考えるのはごく自然なことだ．また，角の三等分問題の場合と同様に，円と面積が等しい正方形があることは，円の内部に含まれる正方形の1辺を連続的に大きくしていくことで，直感的には明らかである．

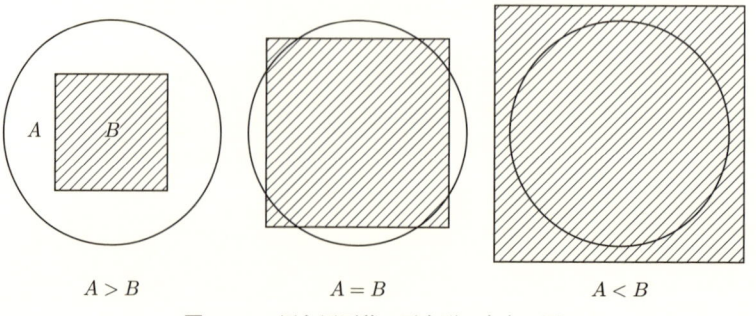

図 6-10　円と同面積の正方形の存在の図

与えられた円の半径を1とすれば，面積はπだから正方形の1辺は$\sqrt{\pi}$となり，円積問題はπが定規とコンパスで作図できるかどうかに帰着する．すでに，作図可能な数とは有理数の平方根による拡大体の列に入る数であることは考察した．したがって，πが定規とコンパスで作図可能かどうかはπが有理数の四則と平方根の組み合わせで作れるかどうかに帰着する．

ところが，πについてはさらに次の事実が成り立つ．

一般に整数を係数とする代数方程式の解にならない数を**超越数**という．

定理 6.4

πは超越数である．

この定理は1882年にリンデマンによって証明された．もう1つの由緒ある数e（自然対数の底）の超越性は1873年にエルミートによって証明された．

リンデマンの定理により，πは有理数の拡大体$\mathbb{Q}_n$の中の数とはならず，したがって円積問題も定規とコンパスでは作図不可能である．

πとeの超越性の証明は本書では省略する（参考文献 [1]，小林昭七『円の数学』（裳華房）を参照）．

6.4 正七角形の作図不能性

最後に正七角形が定規とコンパスでは作図できないことを示し，最終章でガウスによる正 17 角形が作図可能であることの証明の概略を紹介しよう．

正三角形，正五角形の作図で示したように，正 n 角形が定規とコンパスで作図できるかどうかは，方程式 $x^n = 1$ の 1 以外の解が複素平面上に定規とコンパスで作図できるかどうかによる．

では，正七角形がコンパスと定規では作図できないことを証明しよう．

[証明] 正七角形の場合は方程式

$$x^7 - 1 = 0$$

を考える．

$x^7 - 1 = (x-1)(x^6 + x^5 + x^4 + x^3 + x^2 + x + 1) = 0$ だから，方程式 $x^6 + x^5 + x^4 + x^3 + x^2 + x + 1 = 0$ の解が定規とコンパスでは作図不能であることを示せばよい．

この方程式はいわゆる相反方程式で，$x \neq 0$ なので中央項の x^3 で割るという技術が使える．実際に x^3 で割れば，

$$x^3 + x^2 + x + 1 + \frac{1}{x} + \frac{1}{x^2} + \frac{1}{x^3} = 0$$

ここで $x + \dfrac{1}{x} = t$ とおけば，

$$x^2 + \frac{1}{x^2} = t^2 - 2, \quad x^3 + \frac{1}{x^3} = t^3 - 3t$$

だから，方程式は

$$(t^3 - 3t) + (t^2 - 2) + t + 1 = 0$$

すなわち，

$$t^3 + t^2 - 2t - 1 = 0$$

に変形される．この 3 次方程式の解 t が作図可能であれば，2 次方程式（となる方程式）$x + \dfrac{1}{x} = t$ を解いて x が作図可能となる．

逆に，x が作図可能なら t も作図可能である．

したがって，方程式 $t^3 + t^2 - 2t - 1 = 0$ の解が作図不能であることを示せばよい．立方倍積問題，角の三等分問題とまったく同様にして，この方程式の解が有理数のある拡大体 $\mathbb{Q}_n$ に入るとすれば，この方程式は少なくとも 1 つの有理数解をもつ．その有理数解を既約分数 $\dfrac{a}{b}$ としよう．

したがって，

$$\left(\frac{a}{b}\right)^3 + \left(\frac{a}{b}\right)^2 - 2\frac{a}{b} - 1 = 0$$

である．分母を払えば

$$a^3 + a^2 b - 2ab^2 - b^3 = 0$$

となるが，この式を次の 2 式に変形してみる．

$$a^3 = b(b^2 + 2ab - a^2)$$
$$b^3 = a(a^2 + ab - 2b^2)$$

したがって b は a の約数であり，a は b の約数である．すなわち，$\dfrac{a}{b}$ の既約性から，$a = \pm 1, b = \pm 1$ となり，この有理数は ± 1 となるが，どちらも方程式 $t^3 + t^2 - 2t - 1 = 0$ の解ではない．

したがって $t^3 + t^2 - 2t - 1 = 0$ は有理数解を持たず，$\mathbb{Q}_n$ の中に解を持たない．すなわち，正七角形は定規とコンパスでは作図できない． □

第7章

正17角形の作図

　ガウスによる正17角形の作図可能性の発見は，近代数学の幕開けともなったドラマである．また，この発見を機に青年ガウスが数学の道に進んだともいわれていて，その意味で，正17角形が作図できることは，近代数学史に屹立する大数学者ガウスを生み出した記念碑的な問題でもある．ここでは第6章の内容を引き継いで，正17角形が作図できることを考えていこう．

ガウス (Carl Friedrich Gauss, 1777-1855)

7.1 作図可能な正多角形

前に見たように正 n 角形が定規とコンパスで作図できるかどうかは，方程式 $x^n = 1$ の 1 以外の解が複素平面上に定規とコンパスで作図できるかどうかによる．

定規とコンパスで作図できる正 n 角形については，ガウスにより完全な解決を見ている．

定義 7.1

$p = 2^{2^n} + 1$ をフェルマー数といい，とくに p が素数となる場合，p をフェルマー素数という．

定理 7.2

正 n 角形が定規とコンパスで作図できるための必要十分条件は

$$n = 2^m p_1 p_2 \cdots p_k \quad (p_i \text{ は相異なるフェルマー素数})$$

となることである．

とくに素数正 n 多角形は n がフェルマー素数の場合に作図できる．

フェルマー数は $n = 0, 1, 2, 3, 4$ に応じて $3, 5, 17, 257, 65537$ となり，これらはすべて素数である．したがって，正三角形から始まって，正五角形，正 17 角形，正 257 角形，正 65537 角形までは定規とコンパスで作図できる．とくにガウスが正 17 角形が定規とコンパスで作図できることを発見したことは，数学史上に残る大きな出来事だった．ガウスの《数学日記》には，[1796 年]3 月 30 日の日

付で，『円周の等分が依拠する諸原理，わけても円周の17個の部分への幾何学的分割が可能であることを…』という記載がある．(ガウスの《数学日記》について，詳しくは高瀬正仁訳・解説『ガウスの《数学日記》』（日本評論社）を参照).

フェルマーは「すべてのフェルマー数は素数である」と予想したが，6番目のフェルマー数 $2^{2^5}+1 = 4294967297$ はオイラーによって $4294967297 = 641 \times 6700417$ と素因数分解され，素数でないことがわかった．それ以後フェルマー素数は発見されていない．したがって，現在定規とコンパスで作図できることがわかっている素数正多角形は5種類しかない．

ガウスの定理で p_i が相異なるフェルマー素数であることは大切で，たとえば正 $15(= 3 \times 5)$ 角形は定規とコンパスで作図できるが（具体的な作図が参考文献 [4] にある），正九 $(= 3 \times 3)$ 角形は作図できない．もし，正九角形が定規とコンパスで作図できると，$60°$ が定規とコンパスで三等分できることになり矛盾である．

正17角形がコンパスと定規で作図できるのは驚くべきことだが，私たちはすでにある図形がコンパスと定規で作図できることの代数的な内容を調べておいた．正17角形の作図もその構図の中で考えることができる．ただしその作図はかなり複雑な手順を必要とする．ここでその作図の詳細を述べることはできないが，作図が可能であることの証明の概略を示しておこう．

7.2 正17角形の作図可能性の証明

正17角形が作図できることを示すには,方程式 $z^{17} = 1$ の1以外の解がコンパスと定規で求まることを示せばよい.

[証明]

方程式 $z^{17} = 1$ を因数分解して

$$z^{17} - 1 = (z-1)(z^{16} + z^{15} + z^{14} + \cdots + z^2 + z + 1) = 0$$

とする.

方程式

$$z^{16} + z^{15} + z^{14} + \cdots + z^2 + z + 1 = 0$$

の解が2次方程式の積み重ねで求まることを示そう.そうすれば,2次方程式の解は四則と開平で求まるので,もとの方程式の解も作図できることがわかる.

この方程式は相反方程式なので,基本にしたがって z^8 で割れば

$$z^8 + z^7 + \cdots + z + 1 + z^{-1} + z^{-2} + \cdots + z^{-8} = 0$$

ここで,ド・モアブルの定理から

$$z = \cos\frac{2\pi}{17} + i\sin\frac{2\pi}{17}$$

は $z^{17} = 1$ を満たし,この方程式の解(の1つ)だから,この解 z を固定しておく.

さて,

$$\alpha_1 = z + z^2 + z^4 + z^8 + z^{-1} + z^{-2} + z^{-4} + z^{-8},$$
$$\beta_1 = z^3 + z^5 + z^6 + z^7 + z^{-3} + z^{-5} + z^{-6} + z^{-7}$$

とおくと，$\alpha_1 + \beta_1 = -1$ である．

次に積 $\alpha_1\beta_1$ を計算するのだが，$z^{17} = 1$ に注意すると

$$z^9 = z^{-8}, z^{10} = z^{-7}, z^{11} = z^{-6}, z^{12} = z^{-5}$$

$$z^{13} = z^{-4}, z^{14} = z^{-3}, z^{15} = z^{-2}, z^{16} = z^{-1}$$

が成り立つので，これに注意して計算を進める．この積は 8 項どうしの積で項数が多いので，次のように表にすると見やすい．

積	z	z^2	z^4	z^8	z^{-1}	z^{-2}	z^{-4}	z^{-8}
z^3	z^4	z^5	z^7	z^{-6}	z^2	z	z^{-1}	z^{-5}
z^5	z^6	z^7	z^{-8}	z^{-4}	z^4	z^3	z	z^{-3}
z^6	z^7	z^8	z^{-7}	z^{-3}	z^5	z^4	z^2	z^{-2}
z^7	z^8	z^{-8}	z^{-6}	z^{-2}	z^6	z^5	z^3	z^{-1}
z^{-3}	z^{-2}	z^{-1}	z	z^5	z^{-4}	z^{-5}	z^{-7}	z^6
z^{-5}	z^{-4}	z^{-3}	z^{-1}	z^3	z^{-6}	z^{-7}	z^8	z^4
z^{-6}	z^{-5}	z^{-4}	z^{-2}	z^2	z^{-7}	z^{-8}	z^7	z^3
z^{-7}	z^{-6}	z^{-5}	z^{-3}	z	z^{-8}	z^8	z^6	z^2

ただし，上に注意したように $z^k z^{17-k} = 1$ を使って計算してある．この表を観察すれば

$$\alpha_1\beta_1 = 4(\alpha_1 + \beta_1) = -4$$

が得られ，したがって，α_1, β_1 は解と係数の関係から，2 次方程式

$$x^2 + x - 4 = 0$$

の解となる．

ここで，z, z^2, z^4, z^8 の実数部分を見ると，$\cos\dfrac{2\pi}{17} > 0.5$，$\cos\dfrac{4\pi}{17} > 0.5$，$\cos\dfrac{8\pi}{17} > 0$，$\cos\dfrac{16\pi}{17} > -1$ である．

したがって，α_1 が z, z^2, z^4, z^8 とそれぞれの共役複素数 $\bar{z} = \dfrac{1}{z}$, $\bar{z^2} = \dfrac{1}{z^2}, \bar{z^4} = \dfrac{1}{z^4}, \bar{z^8} = \dfrac{1}{z^8}$ の和であることに注意すると，複素数 z の実部を Rez で表せば，

$$(z + z^{-1}) + (z^2 + z^{-2}) + (z^4 + z^{-4}) + (z^8 + z^{-8})$$
$$= 2(Rez + Rez^2 + Rez^4 + Rez^8)$$
$$> 2(0.5 + 0.5 + Rez^4 - 1)$$
$$= 2Rez^4$$
$$> 0$$

で，$\alpha_1 > 0, \beta_1 < 0$ となることがわかる．

したがって，

$$\alpha_1 = \frac{-1 + \sqrt{17}}{2}, \quad \beta_1 = \frac{-1 - \sqrt{17}}{2}$$

次に，$\alpha_2 = z + z^4 + z^{-1} + z^{-4}$, $\beta_2 = z^2 + z^8 + z^{-2} + z^{-8}$ とおくと，

$$\alpha_2 + \beta_2 = \alpha_1 = \frac{-1 + \sqrt{17}}{2}$$

前にならって積 $\alpha_2\beta_2$ を計算する．

積	z	z^4	z^{-1}	z^{-4}
z^2	z^3	z^6	z	z^{-2}
z^8	z^{-8}	z^{-5}	z^7	z^4
z^{-2}	z^{-1}	z^2	z^{-3}	z^{-6}
z^{-8}	z^{-7}	z^{-4}	z^8	z^5

今度も $z^k z^{17-k} = 1$ を使って計算してある．

したがって，

$$\alpha_2\beta_2 = z + z^2 + z^3 + z^4 + z^5 + z^6 + z^7 + z^8 + z^{-1} + z^{-2} + z^{-3}$$
$$+ z^{-4} + z^{-5} + z^{-6} + z^{-7} + z^{-8}$$
$$= -1$$

となり，$\alpha_2,\ \beta_2$ は 2 次方程式

$$x^2 - \alpha_1 x - 1 = 0$$

の解となる．

前に調べたように，z, z^4 の実部は正だから，α_2 が z, z^4 とそれぞれの共役複素数の和であることに注意すると，$\alpha_2 > 0, \beta_2 < 0$ となることがわかる．

よって，

$$\alpha_2 = \frac{\alpha_1 + \sqrt{\alpha_1^2 + 4}}{2}$$
$$= \frac{1}{2}\left(\frac{-1 + \sqrt{17}}{2} + \sqrt{\frac{17 - \sqrt{17}}{2}}\right)$$
$$= \frac{1}{4}\left(-1 + \sqrt{17} + \sqrt{34 - 2\sqrt{17}}\right)$$

$$\beta_2 = \frac{\alpha_1 - \sqrt{\alpha_1^2 + 4}}{2}$$
$$= \frac{1}{2}\left(\frac{-1 + \sqrt{17}}{2} - \sqrt{\frac{17 - \sqrt{17}}{2}}\right)$$
$$= \frac{1}{4}\left(-1 + \sqrt{17} - \sqrt{34 - 2\sqrt{17}}\right)$$

同様にして，$\alpha_3 = z^3 + z^5 + z^{-3} + z^{-5}$，$\beta_3 = z^6 + z^7 + z^{-6} + z^{-7}$ とおくと，

$$\alpha_3 + \beta_3 = \beta_1 = \frac{-1 - \sqrt{17}}{2}$$

前にならって積 $\alpha_3\beta_3$ を計算する.

積	z^3	z^5	z^{-3}	z^{-5}
z^6	z^{-8}	z^{-6}	z^3	z
z^7	z^{-7}	z^{-5}	z^4	z^2
z^{-6}	z^{-3}	z^{-1}	z^8	z^6
z^{-7}	z^{-4}	z^{-2}	z^7	z^5

今度も $z^k z^{17-k} = 1$ を使って計算してある.

この表より $\alpha_3\beta_3$ も

$$\alpha_3\beta_3 = z + z^2 + z^3 + z^4 + z^5 + z^6 + z^7 + z^8 + z^{-1} + z^{-2} + z^{-3}$$
$$+ z^{-4} + z^{-5} + z^{-6} + z^{-7} + z^{-8}$$
$$= -1$$

となり, α_3, β_3 は 2 次方程式

$$x^2 - \beta_1 x - 1 = 0$$

の解である. ここで z^3 の実部 $Rez^3 > 0$ の絶対値 $|Rez^3|$ は z^4 の実部 Rez^4 が正なので, z^5 の実部 $Rez^5 < 0$ の絶対値 $|Rez^5|$ より大きい. したがって $\alpha_3 > 0, \beta_3 < 0$ である.

よって,

$$\alpha_3 = \frac{\beta_1 + \sqrt{\beta_1^2 + 4}}{2}$$
$$= \frac{1}{2}\left(\frac{-1 - \sqrt{17}}{2} + \sqrt{\frac{17 + \sqrt{17}}{2}}\right)$$
$$= \frac{1}{4}\left(-1 - \sqrt{17} + \sqrt{34 + 2\sqrt{17}}\right)$$

$$\beta_3 = \frac{\beta_1 - \sqrt{\beta_1^2 + 4}}{2}$$
$$= \frac{1}{2}\left(\frac{-1-\sqrt{17}}{2} - \sqrt{\frac{17+\sqrt{17}}{2}}\right)$$
$$= \frac{1}{4}\left(-1-\sqrt{17} - \sqrt{34+2\sqrt{17}}\right)$$

つぎに,$\alpha_4 = z + z^{-1}$, $\beta_4 = z^4 + z^{-4}$ とおくと,

$$\alpha_4 + \beta_4 = \alpha_2 = \frac{1}{4}\left(-1+\sqrt{17} + \sqrt{34-2\sqrt{17}}\right)$$

前にならって積 $\alpha_4\beta_4$ を計算する.

積	z	z^{-1}
z^4	z^5	z^3
z^{-4}	z^{-3}	z^{-5}

この表から

$$\alpha_4\beta_4 = z^3 + z^5 + z^{-3} + z^{-5} = \alpha_3$$

となるから,α_4, β_4 は 2 次方程式

$$x^2 - \alpha_2 x + \alpha_3 = 0$$

の解である.同様に符号の考察より

$$\alpha_4 = \frac{1}{2}\left(\alpha_2 + \sqrt{\alpha_2^2 - 4\alpha_3}\right), \quad \beta_4 = \frac{1}{2}\left(\alpha_2 - \sqrt{\alpha_2^2 - 4\alpha_3}\right)$$

を得る.

α_4 を具体的に計算してみると,

$$\alpha_4 = \frac{1}{8}\Bigg(-1+\sqrt{17}+\sqrt{34-2\sqrt{17}}$$
$$+\sqrt{4(17+3\sqrt{17})+2(\sqrt{17}-1)\sqrt{34-2\sqrt{17}}-16\sqrt{34+2\sqrt{17}}}\Bigg)$$

最後に $z+z^{-1}=\alpha_4$ より，z は 2 次方程式
$$x^2-\alpha_4 x+1=0$$
の解だから，
$$z=\frac{\alpha_4+\sqrt{\alpha_4^2-4}}{2}$$
として求めることができる．

したがって，α_4 は上に示した通り，四則と平方根で表すことができるから，z も四則と平方根で表すことができ，コンパスと定規で作図できる． □

これで，正 17 角形が作図可能であることは証明できたが，最後のステップについてちょっとふれておこう．

我々の解 z に対して，$z^{-1}=z^{16}$ だから，z^{-1} は z の共役複素数 $\bar{z}$ に等しい．したがって，
$$z+z^{-1}=z+\bar{z}$$
$$=2\mathrm{Re}z$$

だから，最後の方程式 $x^2-\alpha_4 x+1=0$ は解く必要がなく，$\dfrac{\alpha_4}{2}$ が z の実数部分を与える．したがって，

$$\frac{\alpha_4}{2} = \frac{1}{16}\left(-1 + \sqrt{17} + \sqrt{34 - 2\sqrt{17}}\right.$$
$$\left. + \sqrt{4(17 + 3\sqrt{17}) + 2(\sqrt{17} - 1)\sqrt{34 - 2\sqrt{17}} - 16\sqrt{34 + 2\sqrt{17}}}\right)$$

が作図できればよいことがわかる．原点からこの長さを作図し，そこで x 軸に立てた垂線と単位円との交点を求めれば，それが求める正 17 角形の 1 つの頂点である．コンピュータでこの値を計算してみると，だいたい 0.9324 くらいになる．この式は参考文献 [10] にある式と見かけ上異なっているが，さらに整理すると，以下のようなきれいな式になる．

$$\frac{\alpha_4}{2} = \frac{1}{16}\left(-1 + \sqrt{17} + \sqrt{34 - 2\sqrt{17}}\right.$$
$$\left. + 2\sqrt{17 + 3\sqrt{17} - \sqrt{34 - 2\sqrt{17}} - 2\sqrt{34 + 2\sqrt{17}}}\right)$$

これが前述のガウスの 1796 年 3 月 30 日の数学日記に記載されている「円周の 17 個の部分への幾何学的分割が可能」であることを具体的に表す式である．参考文献 [10] にこの事情が生き生きと再現されている．

　（コンパスと定規による実際の正 17 角形の作図方法は参考文献 [1],[2] を参照）

終わりに

　これまで7章にわたり作図問題について考えてきた．定規とコンパスをユークリッド幾何学の規約通りに使い要求された図を描くことは，現在では実用的な意味はあまりないと思われる．コンピュータを使ったCAD（Computer Aided Design,Computer Assisted Drawing）の発達により高度な作図が可能になった．しかし，定規とコンパスによる作図は，ある種の数学パズルとしてとても興味深い．とくに，さらに制限をきつくして，定規のみ，あるいはコンパスのみでどのような作図ができるか，あるいは現実の定規やコンパスを抽象化して，長さに制限のある定規，開きに制限のあるコンパスを用いてどのような作図ができるか，また，一定の図形，たとえば正方形や円を与えておいて，それを用いるとどんな作図が可能なのか，これらの問題は19世紀から20世紀初頭にかけて専門の数学者によって研究が行われた．それらの結果は参考文献[1]に詳しい．

　しかし，そのような専門的な研究はさておいても，定規とコンパスのみで作図を行うことはとてもいい頭の体操となるのではないかと思う．本書が作図の楽しみへの招待状になっていることを願っている．

参考文献

[1] 窪田忠彦『初等幾何学作図問題』(内田老鶴圃, 2000)

　数学書の古典．文体などが少し古めかしいが，格調があり，作図問題を正面から取り上げている書籍として貴重な名著である．ただし，本書は一般向けの解説書や教科書ではなく，本格的な数学の専門書で，作図というタイトルだけで手に取ると，通読するのは難しいだろう．特に後半は作図の解説というより数学論文集である．正 17 角形の作図可能性や，円積問題に絡めて π や e の超越性の証明まで載っている．ほかにも作図に関連して興味のある話題が多く，証明の理解を脇に置いても，作図問題の多様な姿を知ることができる．本書のマスケロニの定理の証明は，この本の証明を少し詳しく解説したものである．

[2] 大野栄一『定木とコンパスで挑む数学』(講談社ブルーバックス, 1993)

　高校生や数学愛好家のために書かれた本．本書では扱わなかったが，反転という方法で作図を考える技術が載っている．正 17 角形の具体的な作図法も説明がある．基本的に専門的な数学の知識を使わずに理解できるように書いてあるので，角の三等分などに興味と関心がある高校生なら，少し頑張れば読むことができると思う．ただ，計算をする場面も多いので，多少の計算力は必要である．

[3] スモゴルジェフスキー，コストフスキー『定木による作図・コンパスによる作図』(東京図書, 1960)

定規のみ，コンパスのみによる作図を解説したユニークな数学書．少し変わった切り口による射影幾何学への入門書にもなっている．シュタイナーの定理「定円とその中心が与えられれば，すべての作図は定規のみで可能である」の証明も載っている．後半はマスケロニの定理の証明に始まって，反転を用いたコンパスのみのいろいろな作図，さらに制限コンパス（描ける円の半径に制限のあるコンパス）による作図の様々な例が紹介されている．本書は絶版らしいが，復刊する価値がある数学書と思う．

[4] アンドルー・サットン『コンパスと定規の数学』(創元社，2012)

訳注も含めて 59 ページという小冊子で版型も小さいが，中身の濃い数学書．小冊子のため証明はほとんどないが，177 枚に及ぶ見事な図による作図手順の説明があり，螺旋や楕円についての近似作図にも触れている．開きが常に一定である「錆ついたコンパス」による与えられた辺をもつ正三角形の作図など，パズル的な要素も多い．最終ページにマスケロニの作図とシュタイナーの作図についての説明もある．円についての和算のような図や網目模様の作図もあり，見ているだけで楽しく，かつ実際に作図してみたくなる良書である．

[5] 矢野健太郎『角の三等分』(ちくま学芸文庫，2006)

古い本（初版は 1943 年）だが，ちくま学芸文庫で復刊された．矢野健太郎一流の柔らかな語り口で，様々なエピソードも含めて，角の三等分の作図をめぐる話題が書かれている．第 9 章では，目盛り付き定規や直角定規を用いた角の三等分にも触れている．付録に一松信による，本文よりも数学に踏み込んだ詳細な解説があり，元数学セミナー編集長の亀井哲治郎による，少しほろ苦いエッセイが付いている．

[6] ユークリッド『ユークリッド原論 追補版』(共立出版，2011)

いわずと知れた数学の古典．『原論』を日本語で通読するのは大変だし，専門家でなければ通読する必要もないと思う．しかし，いわゆる解説書ではなく，『原論』本文に接したい方は，身近に置いて，興味のある箇所を時々拾い読みしてみると面白いだろう．

[7] 斉藤憲『ユークリッド『原論』とは何か』（岩波書店，2008）

　専門の数学史家による『原論』の解説書．本書でも第 1 章でユークリッドのコンパスの使用について少し考察したが，それらについても数学史家の目を通した詳細な議論が載っている．斉藤憲によれば「存在証明としての作図」という考えは「最近では，この解釈は部分的には妥当と思われる場合もあるが，『原論』全体に適用できるものではないことが明らかになりつつあります」（32 ページ）ということである．第 6 章では原論での作図についての考察もあり，表題通り，『原論』とはどういう数学書なのかについて，多くの知見を得ることができる．

[8] 佐々木重夫『幾何入門』（岩波書店，1979）

　幾何入門の教科書．平面幾何学の定理だけでなく，面積などを厳密に議論していて，普通の幾何学の本ではあまり扱われない極限を用いた議論を展開している．作図問題と角の三等分については，それぞれ章を設けて論じている．作図の章では制限作図についても触れていて，証明はないが，制限作図の例として参考文献 [1] の窪田忠彦による「長さ a の定木が 1 本あれば，コンパスを使うことなしに任意の 2 点を結ぶ線分をひきうる」（204 ページ）が載っている．また，角の三等分について，リンク機構による機械的な三等分の方法がいくつか紹介されている．タイトルは幾何入門となっているが，本格的な教科書である．

[9] 砂田利一『幾何入門』（岩波書店，2004）

　現代的な視点で書かれた新しい幾何学の本．古典的な幾何学を現代数学の立場から厳密に再構成している．集合や実数などを通して，幾何学が次第に抽象化していき，そこから「空間を論理的に正しく認識することが，幾何学の主題なのだ」（17 ページ）という著者の主張が読みとれるようになっている．本書も幾何入門となっているが本格的な数学書で，通読するのは大変かも知れないが，読み通せば現代的な幾何学について深い素養が得られる．本文はコナン・ドイルのホームズの引用で始まり，最後に詩人数学者ウマル・ハイヤームの四行詩集ルバイヤートの引用で終わる，著者の面目躍如の本である．

[10] 高木貞治『近世数学史談』（共立出版，岩波文庫再刊，1995）

　日本の生んだ世界的数学者高木貞治の名著．18 世紀終わりから 19 世紀にかけての数学史を生き生きと描き出している．この第 1 話がガウスによる正 17 角形の作図可能性の発見物語で，1796 年 3 月 30 日の朝，ガウスが正 17 角形の作図可能性を思いついた出来事が紹介されている．

[11] 瀬山士郎『幾何物語』（ちくま学芸文庫，2007）

　最後に自著を 1 つだけ紹介しておく．初等的な幾何学のいくつかのトピックスについて，高校生，一般の数学愛好家を読者に想定して書いた解説書．作図についても触れている．厳密性から少し離れた視点で書いてあるので，気軽に楽しんでもらえると思う．

索　引

■ あ
アポロニウスの円　31
アルキメデスの公理　10
移動法　36
円積問題　122, 134

■ か
解析　22
拡大体　126
角の三等分方程式　131
角の三等分問題　120, 131
軌跡交会法　30
基本作図　12
共役　129
共役複素数　144
原論　4
公準　4
公理　4

■ さ
作図の吟味　21
三大難問　118
実部　144
重心　23
シュタイナーの定理　79
線分の積と商　98
線分の和と差　98

相似法　36

■ た
体　124
単位点　99
中間値の定理　131
超越数　135
デロスの問題　120
等辺三角形　7
ド・モアブルの定理　142

■ な
中線　22
$\sqrt{}$ による拡大体の列　127

■ は
パップスの中線定理　60
反転　50
反転法　76
ヒポクラテスの月形　122
非ユークリッド幾何学　10
フェルマー数　140
フェルマー素数　140
複素平面　113
平行線の公理　10
方べきの定理　91

ポンスレ・シュタイナーの定理
　　79

■ま
マスケロニの定理　51, 71
見込む円弧　31
モール・マスケロニの定理　51

■や
有理数体　124

■ら
立方体倍積問題　119, 127
リマソン　121
連続量　99

〈著者紹介〉

瀬山 士郎（せやま しろう）

略　歴
1946 年　群馬県生まれ．
1970 年　東京教育大学大学院修了．
1970 年　群馬大学教員．
2011 年に定年退職．群馬大学名誉教授，放送大学客員教授．
専門はトポロジー．

著　書　『トポロジー：柔らかい幾何学』（日本評論社，2003）
　　　　『ぐにゃぐにゃ世界の冒険』（福音館書店，1992）
　　　　『バナッハ-タルスキの密室』（日本評論社，2013）
　　　　『数学　想像力の科学』（岩波書店，2014）
　　　　『はじめての現代数学』（ハヤカワ文庫，2009）
　　　　他

数学のかんどころ 27
コンパスと定規の幾何学
作図のたのしみ
(*Geometry of Compass and Ruler*)

2014 年 8 月 25 日　初版 1 刷発行
2024 年 3 月 30 日　初版 5 刷発行

著　者　瀬山士郎 ⓒ 2014
発行者　南條光章
発行所　共立出版株式会社
　　　　〒112-0006
　　　　東京都文京区小日向 4-6-19
　　　　電話番号　03-3947-2511（代表）
　　　　振替口座　00110-2-57035

　　　　共立出版ホームページ
　　　　www.kyoritsu-pub.co.jp

印　刷　大日本法令印刷
製　本　協栄製本

一般社団法人
自然科学書協会
会員

検印廃止
NDC 414.12
ISBN 978-4-320-11068-7
Printed in Japan

JCOPY　〈出版者著作権管理機構委託出版物〉
本書の無断複製は著作権法上での例外を除き禁じられています．複製される場合は，そのつど事前に，出版者著作権管理機構（TEL：03-5244-5088, FAX：03-5244-5089, e-mail：info@jcopy.or.jp）の許諾を得てください．

数学のかんどころ

編集委員会：飯高 茂・中村 滋・岡部恒治・桑田孝泰

① 内積・外積・空間図形を通して ベクトルを深く理解しよう
　飯高 茂著・・・・・・・・・・120頁・定価1,650円
② 理系のための行列・行列式 めざせ！理論と計算の完全マスター
　福間慶明著・・・・・・・・・・208頁・定価1,870円
③ 知っておきたい幾何の定理
　前原 潤・桑田孝泰著・・・176頁・定価1,650円
④ 大学数学の基礎
　酒井文雄著・・・・・・・・・・148頁・定価1,650円
⑤ あみだくじの数学
　小林雅人著・・・・・・・・・・136頁・定価1,650円
⑥ ピタゴラスの三角形とその数理
　細矢治夫著・・・・・・・・・・198頁・定価1,870円
⑦ 円錐曲線 歴史とその数理
　中村 滋著・・・・・・・・・・158頁・定価1,650円
⑧ ひまわりの螺旋
　来嶋大二著・・・・・・・・・・154頁・定価1,650円
⑨ 不等式
　大関清太著・・・・・・・・・・196頁・定価1,870円
⑩ 常微分方程式
　内藤敏機著・・・・・・・・・・264頁・定価2,090円
⑪ 統計的推測
　松井 敬著・・・・・・・・・・218頁・定価1,870円
⑫ 平面代数曲線
　酒井文雄著・・・・・・・・・・216頁・定価1,870円
⑬ ラプラス変換
　國分雅敏著・・・・・・・・・・200頁・定価1,870円
⑭ ガロア理論
　木村俊一著・・・・・・・・・・214頁・定価1,870円
⑮ 素数と2次体の整数論
　青木 昇著・・・・・・・・・・250頁・定価2,090円
⑯ 群論, これはおもしろい トランプで学ぶ群
　飯高 茂著・・・・・・・・・・172頁・定価1,650円
⑰ 環論, これはおもしろい 素因数分解と循環小数への応用
　飯高 茂著・・・・・・・・・・190頁・定価1,650円
⑱ 体論, これはおもしろい 方程式と体の理論
　飯高 茂著・・・・・・・・・・152頁・定価1,650円
⑲ 射影幾何学の考え方
　西山 享著・・・・・・・・・・240頁・定価2,090円
⑳ 絵ときトポロジー 曲面のかたち
　前原 潤・桑田孝泰著・・・128頁・定価1,650円
㉑ 多変数関数論
　若林 功著・・・・・・・・・・184頁・定価2,090円
㉒ 円周率 歴史と数理
　中村 滋著・・・・・・・・・・240頁・定価1,870円
㉓ 連立方程式から学ぶ行列・行列式 意味と計算の完全理解
　岡部恒治・長谷川愛美・村田敏紀著・・・232頁・定価2,090円
㉔ わかる！使える！楽しめる！ベクトル空間
　福間慶明著・・・・・・・・・・198頁・定価2,090円
㉕ 早わかりベクトル解析 3つの定理が織りなす華麗なる世界
　澤野嘉宏著・・・・・・・・・・208頁・定価1,870円
㉖ 確率微分方程式入門 数理ファイナンスへの応用
　石村直之著・・・・・・・・・・168頁・定価2,090円
㉗ コンパスと定規の幾何学 作図のたのしみ
　瀬山士郎著・・・・・・・・・・168頁・定価1,870円
㉘ 整数と平面格子の数学
　桑田孝泰・前原 潤著・・・140頁・定価1,870円
㉙ 早わかりルベーグ積分
　澤野嘉宏著・・・・・・・・・・216頁・定価2,090円
㉚ ウォーミングアップ微分幾何
　國分雅敏著・・・・・・・・・・168頁・定価2,090円
㉛ 情報理論のための数理論理学
　板井昌典著・・・・・・・・・・214頁・定価2,090円
㉜ 可換環論の勘どころ
　後藤四郎著・・・・・・・・・・238頁・定価2,090円
㉝ 複素数と複素数平面 幾何への応用
　桑田孝泰・前原 潤著・・・148頁・定価1,870円
㉞ グラフ理論とフレームワークの幾何
　前原 潤・桑田孝泰著・・・150頁・定価1,870円
㉟ 圏論入門
　前原和壽著・・・・・・・・・・品 切
㊱ 正則関数
　新井仁之著・・・・・・・・・・196頁・定価2,090円
㊲ 有理型関数
　新井仁之著・・・・・・・・・・182頁・定価2,090円
㊳ 多変数の微積分
　酒井文雄著・・・・・・・・・・200頁・定価2,090円
㊴ 確率と統計 一から学ぶ数理統計学
　小林正弘・田畑耕治著・・・224頁・定価2,090円
㊵ 次元解析入門
　矢崎成俊著・・・・・・・・・・250頁・定価2,090円
㊶ 結び目理論
　谷山公規著・・・・・・・・・・184頁・定価2,090円

（価格は変更される場合がございます）

www.kyoritsu-pub.co.jp　　共立出版　　【各巻：A5判・並製・税込価格】